世界科普巨匠经典译丛 · 第五辑

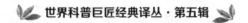

Xinuwuchang de Tianqi

喜怒无常的天气

（苏）米·伊林 著　毛吉鹏 编译

上海科学普及出版社

图书在版编目（ＣＩＰ）数据

喜怒无常的天气 /（苏）米·伊林著；丁荣立编译 .—上海：上海科学普及出版社 , 2015.1（2021.11 重印）

（世界科普巨匠经典译丛·第五辑）

ISBN 978-7-5427-6274-0

Ⅰ.①喜… Ⅱ.①米… ②丁… Ⅲ.①天气—科普读物 Ⅳ.①P44-49

中国版本图书馆 CIP 数据核字 (2014) 第 241022 号

责任编辑：李　蕾

世界科普巨匠经典译丛·第五辑

喜怒无常的天气

（苏）米·伊林 著　丁荣立 编译

上海科学普及出版社出版发行

（上海中山北路 832 号 邮编 200070）

http://www.pspsh.com

各地新华书店经销　三河市金泰源印务有限公司印刷

开本 787×1092 1/12　印张 13.5　字数 160 000

2015 年 1 月第 1 版　2021 年 11 月第 2 次印刷

ISBN 978-7-5427-6274-0　定价：32.80 元

目录

CONTENTS

第01章

·自然的力量有多么可怕·

或许，人们还没有什么办法让暴风浪停止，当然也不能阻止下雨。可是，人们已经发明了许多工具躲开这些天气。比如说，我们头上的屋顶，我们握在手里的雨伞，我们穿在身上的雨衣等。靠着这些工具，我们和天气做着斗争。

无法逃脱的影响

早上，把窗帘拉开，望向窗外：今天的天气好不好？有没有什么异常的情况？是不是会在人们毫无预备的情况下下一场暴雨？

当人类与任何自然面对面时，较量便开始了。自然虽强大，却喜怒无常；人类虽渺小，却拥有理性。

如果忽视了天气，会有什么事发生？有的时候，想参加长跑比赛，可是，天公不作美，由于下雨，比赛就需要取消或者延期；在疗养的时候，本来想着美美地晒个日光浴，可是偏偏赶上天气女神发怒，居然下起瓢泼大雨来。

人无论在什么地方，在干什么，都无法逃脱天气的影响。有时候，你要去旅行。坐飞机是个不错的选择，快捷、方便。可是由于天气原因，不能够如期起飞。没办法，你只好选择坐火车。

你坐在火车上，仔细地计算着什么时候能够到达目的地。可是，突然发现，火车停在了半路上。你放眼望去，周围光亮亮、白闪闪的。仔细一看，全是白雪，车轨都找不见了踪影。

▲ 火车依然是当今人们使用最多的旅行工具

在这种情况下，你也束手无策。火车有火车的运行规律，天气有天气的时刻表。除了服从，你别无选择。

好不容易，铁路上的积雪被清理完毕。火车启动，没过多久，终于到了前面的一站。这个时候，你本该换乘汽车。可是，前面的积雪依旧在阻挠汽车的前行，司机师傅在和积雪做着最艰苦的斗争。最后，汽车和冰雪的斗争以汽车的破损收场。

经过艰苦的行程，好不容易回到家中。靠着厚厚墙壁的阻隔，你很好地避开了天气。有点与外界隔绝的感觉。在电灯和暖气的修饰下，整个人造环境温馨而舒适。

当外界是冬天夜晚的时候，你家里却是夏天般的白昼。这时候，你想听一听自己喜欢的女歌手的演唱。于是，你打开了收音机。可是，在她的歌唱过程中，总有一个声音在捣乱。这声音嘶嘶哑哑，如泣如诉，无论怎么样都躲避不了。这就是天气的声音，也就是无线电因为天气的缘故而产生的故障。正在这时，电话响了。你拿起电话，刚说了几句话就没声音了，情急之下，你不断地敲打着，可是仍然无济于事。

谁会这样搞恶作剧？中断电话的不是接线生，而是天气。它在电话线上覆盖了厚厚的一层冰，冰块太重，压坏了电线。

没办法，你只好去睡觉。可是，刚躺下来，就听到窗户框啪啪作响，不是别人，正是你那可恶的邻居——风。它兴高采烈地从屋顶上钻下来。

无论怎样，这些都没什么。有的时候，它玩得起劲，还能把屋顶掀起来呢！天气总是很爱惩罚那些忽视它存在的人。不管怎样，你都没办法忽视它。

如果哪一天，你忽视了它，出门的时候，忘记带雨伞或穿雨衣，那么它很有可能用下一场暴雨的方式惩罚你。当然，这还不是最大的不幸。如果等待收获的农人或者飞机驾驶员们忘记了天气，那么后果就不堪设想。

▲ 早期的飞机

有一次，飞机驾驶员竟然忘了看天气，那天是12月31日，飞机驾驶员想尽快赶回家，和家人们团聚。有人告诉他，飞机场有大雾，不能起飞，必须换到城外很远的机场。飞机驾驶员想，如果从另一个地方起飞，起码要多花两个小时，那样就赶不上和家人团聚了。于是，他就不顾天气问题，起飞了。后果可想而知，最后机毁人亡。

但是，这又能怪谁呢？大家都明白的一个道理，作为一个飞行员，怎么能够忽略天气？做这样的工作就应该十分了解风雷雨电等天气现象。

飞行员的工作，要时时刻刻跟风、云雾等天气因素打交道。如果你的职业不是驾驶员，是个神气的炮手。您准确地瞄准了目标，然后发射了。可是，真的射中目标了吗？没有。炮弹在离目标还有一段距离的地方就爆炸了。这到底是什么原因？也是天气捣的鬼——风影响了瞄准的结果。

我们都知道炮弹的速度很快，比声音的传播速度都快。我们会先看到炮弹爆炸，然后才听到爆炸的声音。于是，你觉得自己的力量太强大了，强大到可以忽略一切外在事物，比如说风。就因为风的阻力，炮弹竟然爆炸在离目标三百多米的地方。

作为水利学家，你会用石子、水泥等最坚固的材料建筑河堤。总觉得天气和它没什么关系。可是，想象一下，如果在建河堤的时候没有考虑天气。其实，根本不需要想象。如果您记忆力还不错的话，应该会记得这么一件事。这是件真真实实发生过的事情。不过，故事的主人公不是您，而是另有其人。

在19世纪末的美国乔斯顿城附近，河堤被水冲垮。来势汹汹的浊浪，高过三层楼房。它的速度十分快，就那样浩浩荡荡地冲向平原，冲走了房屋、大桥、铁路等一切可以冲走的东西，火车在浊浪里也成了飘零的小铁片。

灾难后，人们计算出大概有400万美元的损失。钱都是小事情，关键是因为这条河而丧生了2500条人命，是什么也无法弥补的。到底是什么原因导致了这场灾难？

原因就是河堤的建造者当初忘记了考虑天气的原因，于是遭到了报复。

在设计河堤的时候，工程师没有考虑到暴雨会使河面猛涨的情况。于是，把水闸口开得很小。这样，暴雨来的时候，水无法排解，只能越过河堤冲出河面了。

▲ 洪水过后，人们清理淤泥

 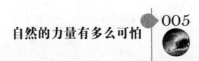

天气发**怒**的时候

天气女王的所有举动都在提醒着人们时刻不能忘记它。

它有许多仆人，分布在世界的各个地方。

女王心情好的时候，会对人们恩赐许多：会在土地需要的时候，给予雨水；给予动植物光与热；当帆船起航的时候，赐与顺风；飞机起飞的时候，就给一个大晴天。

但是，当它发怒的时候，人们就遭殃了。

它会让热风去摧毁生长得好好的麦穗，会让寒霜冻坏即将成熟的果实。它使唤风雪阻挡火车的前行，又让冰块拦截轮船的航行。它也会破坏飞机的航行。春天的时候，它就会固执地开始自己的旅行。它在这个领域里征收大家的贡品，俨然是一个征服者。

有人统计过，就苏联而言，20亿卢布的损失就是由于春季的泥泞造成的。除了这些，天气的其他劣行也是没有止境。它十分任性地玩着。现在可能在玩一支羽毛，一张纸片，可是，过段时间，遭殃的可能就是一架飞机、一艘轮船。它可以很温柔地把熟透了的苹果从树上摇下来，也可以把百年的古树连根拔起。

它的力量真是太大了。在诺夫罗西斯克，装载着货物的火车慢慢行驶着的，会被飓风吹到海洋里。热带地区的城市常常会因为骤雨而变得面目全非。

雾凇也具有很大的威力。1922年冬季，苏联南部，因为雾凇，9000根电线杆被压倒，12000根被折断。

▲ 美丽的雾凇常使许多树木不堪重负

曾经见过一张照片：一只大铁桶高高地架在一棵树的枝杈上。铁桶好端端的怎么会在树上出现呢？哪个人把它弄上去的？不是人，是河流，是天气。经过长期的连续大雨，河流开始泛滥，水平面抬高，就把铁桶挂到树上了。这只是河流捣鬼的一个现象。河流好像对什么都感兴趣，碰到什么都想玩玩，包括砖、瓦，甚至是人的尸体。

天气真是爱极了恶作剧，这样的例子还有很多。远东地区，在下了两个多月的雨后，发生了如下的困惑境况。据大家回忆，人们看不见天地，到处都是水。田鼠们也都发抖地挤在山顶上。就连最爱水的蛤蟆都躲在还没被水冲走的铁路路基上。那么多的蛤蟆，连个空地都没有了。

就是这样，水还是没有停止的迹象，许多城市和乡村都被湮没了。赛亚城里，水位都超过了电话线。诺夫哥罗德城里，人只有到达钟楼的高度才能保住一条命。天气赢了！幸亏救护船，人们才得救。

海兰泡位于黑龙江畔，这里，轮船可以在街道上自由行驶：它从各个地方接收受灾的人们。

关于1824年彼得堡的水灾，普希金的《青铜骑士》里有这样的描述——

在阴森森的彼得堡城上空，

十一月的空气满是秋季的清寒。

翻卷着狂躁的波涛，

在坚固的围墙中，

涅瓦河像病人一样辗转着，

在不舒适的床上辗转反侧。

黄昏，天空渐渐青黑；

雨愤怒地打着小窗，

风在哀嚎，在拼命地吹……

在这首诗里，差不多包括了降水、气温、风等气象学里的一切因素。

普希金虽然是诗人，也是个对科学有研究的人。接下来，他十分精确地说明了水灾为什么会发生。

但由于海湾吹来的风，

被拦挡住了的涅瓦河，

狂怒，诅咒着向回走

淹没了大小岛屿……

即使会用科学家的视角观察世界，诗人永远记得自己是诗人。他故事里总有一些主角，例如河，例如风。

在普希金的诗中，水灾不只是单纯的水灾，而是风与河之间的战斗，是自然对人的惩戒。

围困。进攻。凶猛的海浪。

和贼一样地爬进窗；独木舟

疾走着，用船橹向玻璃敲……

如果普希金能活到一百年后，他诗中的主角将不再是独木舟，而是轮船了吧。1924 年，河水肆虐，把轮船都冲刷到临近冬宫的地方。

一百年的时间里，什么东西都发生了很大的变化。可是，涅瓦河仍然喜欢发怒，越过石阶，冲入城市。

百年之后，河与风的交战依旧在继续。河又顽劣地跑到城里四处滋事。列宁格勒的街道不知花费了人们多大的心血，可是，几小时过后，水就把它全部毁坏了。被冲击得乱七八糟，像摆放凌乱的积木。

天气就是喜欢在地上乱发脾气。地上是它的领地，那么地下应该躲开它的影响了吧。其实不然，就算在很深的地下，也会受到它的干扰。不知道大家还记得不记得，由于连续大雨的原因，憋得发疯的地下水涌向了煤矿。疯了一般的水拼命地灌入坑道。人们行走于齐腰深的水中，向梯子和升降机方向逃亡。可是，水还是不放过他们，最终追上去，并制造了悲惨的矿难。

在陆地上，天气是暴戾的君王，在大海里依然如此。在海面上，风靠自己的力量肆意地驱逐着海浪，控制着它们的一举一动。风向前，海浪就必须前进；风变大，海浪就必须使劲儿翻滚。当暴风雨发怒的时候，情况更糟。海浪在它的驱使下，也越来越疯狂。它们怒气冲冲地越过船面，进入船舱。

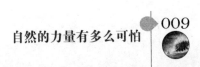

自然的力量有多么可怕

▲ 海浪轻松地吞噬小小的帆船

它们看到什么就破坏什么，罗盘也不能幸免。它们似乎已经知道，这些东西轮船再也不需要了。就这样，轮船被淹没在泛白的水花里。只露出向下低垂的旗帜和一些船桅。这就说明着轮船出事了。

在陆地上或其他地方还好，在海上，可是不能够忽略天气的。英勇智慧的海军当然可以控制海战的战果，可是，有那么多次，暴风雨也来凑热闹了。一次，英国人打败了号称百战百胜的西班牙舰队，重要的功臣就是暴风雨。两个多世纪以后，英国人同样遭受到了暴风雨的报复，从特拉法尔加俘获的法国船被抢去了。

现在，我们可以看到很多关于战争以及关于人类历史的书。不过，谁要想为暴风雨的历史写些什么的话，巴拉克拉瓦暴风雨当之无愧应该置于首页。那是发生在19世纪的事情了。在塞瓦斯托波尔之战中，狂躁的风浪，掀起战船，使尽力气摔向岩石，就像摔打核桃壳一样。本来十分坚固的链锁和锚就那样被轻而易举地折断了。英法战船因为断了锚的缘故，丝毫不能自控，在海上像没头苍蝇一样乱撞。

塞瓦斯托波尔港口里，可以发现一些俄国的船。这些船是俄国人为了阻挡敌人的攻击，自己弄沉的。

就这样暴风雨玩得还是意犹未尽，它把一只船从河底拖出，一直拖到海里。这条船只是一只孤零零的船，没有水手，没有船长。那就这么一直使劲儿地向前冲啊，好像背后有种神奇的力量在推动。它是那么奋勇，丝毫不管什么暗礁啊，岩石啊。

这个时候的岸上，有什么事情在发生呢？在暴风雨的操控中，攻城的帐篷被掀起来，弄得满地都是，真有秋风扫落叶的感觉。什么桶啊，被褥啊，木板啊之类的东西都和人一样在地上乱滚，就像扫帚底下的垃圾。

看看吧，这就是暴风雨！在它面前，再先进的船只也只是相当于柔弱的纸船，就是具有强大装备的军舰在它面前也无济于事。

1929年，比斯开湾，暴风雨就用自己强大的力量狠狠教训了一艘军舰，把船舷、船头的钢板都打得稀巴烂。军舰不攻自溃。

▲ 比斯开湾的暴风雨中沉没的轮船

人 和 自然

看！人和自然面对面地对视着。人很渺小，但是存在理性；自然十分强大，可是喜怒无常。

在天气面前，人应该怎样呢？难道就这样毫无作为，默默地忍受天气所施加的一切？不！其实，几千年前起，人类就一直在和天气斗争了。

或许，人们还没有什么办法让暴风浪停止，当然也不能阻止下雨。可是，人们已经发明了许多工具躲开这些天气。比如说，我们头上的屋顶，我们握在手里的雨伞，我们穿在身上的雨衣等。靠着这些，我们和天气做着斗争。

当人类学会砌炉子和盖房子的时候，严寒和坏天气已经被拒之门外。可是，人类并没有因为满足而停止前进的脚步。他们依旧在琢磨，在摸索。

▲ 赫西俄德

希腊人赫西俄德（公元前9～公元前8世纪）曾说过："由于贫穷，人无可奈何必须到海上去。"

于是，人就乘着飘零的船只，来到了海上。在海上和自然作斗争比在陆地上困难得多。在海上，不得不考虑的一个问题就是：在摇摇晃晃的船舱里，怎么生存？脚底下再不是坚固的土地，而是深不可测的大海。那时的希腊，在秋冬季节，人们是不敢出航的。

赫西俄德对水手们说："千万不要等待

▲ 海浪

新酿的酒和秋季骤降的雨水，冬季的到来以及诺特斯也是等不得的。它会愤怒地制造巨浪，而且宙斯会推波助澜，用水浇灌它，把海折磨得痛苦不堪。"诺斯特指的是从南方而来的风。在冬季的时候，这风在希腊海岸制造翻滚的巨浪。

　　经过多年的变革，那个时代已经过去了。现在的船也有了很大的改进，人们对暴风雨也越来越了解了。

　　经过长时期的磨合，人们逐渐学会了在陆地上和在海面上与天气相处。这样一来，人们就可以生活得随意一些了。他已经不再对天那么畏惧了，也不必因为雷雨和乌云而害怕了，也不用因为天气不好而无法出海了……总之，人们在天气面前再也不用那么被动了。

　　如果就此满足，那么人们倒可以踏踏实实地生活上一段时间了。可是，人们就是不安分。还没有征服陆地和海洋，人们又开始朝着天空进发了。这次人们可是跑到了天气的老巢了。他们觉得自己在空气的下面生活了这么多年，也该上去看看了。在空气下，向上望去，飘过的云朵像是海底的帆船，飞翔的鸟儿是那么自由自在。要是人们自己也能去享受一下自由自在的感觉，那该多好啊！

人与天气的大战在海上和陆地上倒是告一段落，在空中却又上演了。不过，这回想要战胜天气可不是容易的事。这可是在天气的老巢啊！人们完全不具备优势。

在空中，人就感觉自己像条被打捞上来的鱼一样。越往上就越窒息，头痛也就越厉害。在上升的过程中，你已经不清楚那些常见的事物是不是原来的面貌了。天边的云霞是不是依旧红得动人，田里的庄稼是不是依旧绿油油的？在神志不清中，人们越来越明白如果一直向上，就是在违背自然规律，就是在和天气作对。

这里所有的东西都和地面上不同。这里，没有绝对的上和绝对的下。比如说，飞翔的飞机，这一瞬间还和地面平行，拐一个弯就变成和地面垂直了。在这种很不利的情况下，人类还得面对天气这一宿敌。想象一下人类的狼狈样吧！

在陆地上，人们感觉到自己是这里的主人。能够清晰地看到地面上的沟壑和土包。看到沟壑就跳过去，看到土包就可以绕过去。甚至可以把沟壑填平，把土包铲掉。在自己的王国里，人们随心所欲，丝毫没有不方便的地方。可是，人类一旦到达空中，就发现和陆地上完全是两个样，人再也不能那么为所欲为了，甚至动弹都成了问题。

第一眼看上去，感觉空中的道路实在是平坦开阔，好像是一马平川的感觉。在这样的道路上行走一定很轻松自在。可是，人类完全错了。这里虽然没有坑坑洼洼，却十分不稳定。行走在空中，忽然陷入看不见的深沟，忽然又被不知名的力量推着往上浮。

在陆地上人们感觉到颠簸，在海洋里人们会感到摇晃，在空中就更别提了，简直是没有存在感。处处都隐藏着危险，就等人们陷进去。

看吧，前面是一朵漂亮的白云。可别被它的漂亮迷惑了，千万别靠近。要不然，就等着看你们的飞机翻跟头吧。如果你想穿过去，那就更别想了，飞机会被弄得粉碎也不一定啊。

地上的风一般来说都是从四面八方吹过来，而云里的风却不一样，它是从下往上吹的。被地面的热气蒸得直往上蹿的空气，形成一个个的泡泡往上飞，直接和飞机打上了交道。飞机不仅要处理和空气的关系，还要处理和水汽的关系。

飞机飞行在云层中，遇到一粒粒的水滴。遇到普通的水滴倒也没什么，但是千万别遇到一种特殊的水滴。这种水滴一遇物体便会结冰，飞机一遇上它，那算是惨了，就等着慢慢结冰吧。这时候，危险也就不远了。

一架飞机凝聚了工程师们大量的心血，要完成各种精密的计算。可是，天气才不会理会这些，它有自己的脾气。会任由自己的脾气改造飞机的机身、机翼等部位。一样的，冰也会在飞机上施展各种手段，不把飞机整垮誓不罢休。人们就是这样为自己制造麻烦的。好在人类倒也敢作敢为，还真不怕它，就那样一点一点地对抗着它。

最早的时候，飞机是那么脆弱，不堪一击。驾驶员也是那么没有知识和经验。二十多年前，飞行是极少数英雄才能有的行为。可是现在呢？私人驾驶飞机飞行的情况已经不胜枚举。

人类和自然的斗争越来越壮大，越来越激烈了。人们现在不仅要了解自己生活的这片地方的具体情况，还要了解远在十万八千米之外的海洋和天空

▲ 私人小型飞机如今已很普遍

在做什么。只有这样才能够知己知彼、百战百胜。举个例子，大西洋的水某个地方变暖了，就可能影响到北冰洋和其他海域的状况。

很早的时候，平原的人们对于山中下多少雪一点都不关心，好像和自己无关。后来，人们终于明白，去年下的雪就是今年的水，是灌溉植物必需的物质。水对人们的意义极大，意味着粮食、意味着生命。

人们和天气的斗争也持续了这么久，对它的脾性似乎也有一定的把握了。可是，人们依然需要不断地研究它，了解它。

进攻 和 防御

　　天冷的时候，我们在生长的蔬菜上铺上稻草，在苹果园里生起火，用烟温暖苹果，我们在庄稼四周设置防护林，我们为了使自己生存的地方免受洪灾，会筑起高高的河堤。

　　战争时期，为了防止自己遇袭，会使用坚固的盾牌保护自己。可是，如果一开始就没有战争，那么一切都会容易得多。如果有暴风雨，那我们就老老实实地呆在陆地上，不去飞行就是了。要是有力气，还可以把飞机停在仓库里，防止损坏。和暴风雨在海上拼个你死我活，倒不如乖乖地在家中喝口茶。海上的飓风和龙卷风是十分可怕的事物，就连最有经验的水手都害怕遇到它。高科技的轮船还有可能躲过一劫，帆船可是最害怕龙卷风了。

▲ 龙卷风

自然的力量有多么可怕

船上的人们都胆战心惊地看着它慢慢逼近，只见它偷偷地从压得低低的乌云里溜下来，慢慢地接近海面。还没等它完全靠近，海水已经沸腾了，一根高高的水柱已经形成。天和海狼狈为奸，筹谋着害人的奸计。它一步一步地逼近了，如果不及时躲开，什么都会被它吞噬的。

帆船啊，赶紧躲开它啊！可是，无论怎样祈祷，周围都是一片寂静，一丝风声都没有。把舵的完全在白费力气，船一动不动停在原地。龙卷风到底会怎样处置自己的猎物？人们是否能够躲过一劫呢？有过多少次，船最终没有逃过它的魔爪，人们最终因此丧命？

那么飞行员遇到冰冻怎么办呢？不用担心，对付冰冻，人们有奇招。只要扭开防冻管，就会有特制的防冻液流到螺旋桨去，这样就不会冻住了。飞机的两翼上也安装有橡皮管子，只要往里面充气就可以胀破坚冰。可是，如果冰层太厚的话，这个办法就不一定总是奏效了。这个时候就应该尽量往上飞，飞出云层，接近太阳。太阳的光热一下子就溶解了坚冰，拯救了飞机。白云已经被抛在下面，飞机还是满身白色，不过它已经脱离危险了。

在空中飞行，每分每秒都要小心。飞机好不容易摆脱了云层的阻隔，顺利地见到了太阳。虽然还是处于半危险状态，可是总算捡了条命，没有大碍了。

在空中，飞行员必须经常为天气让道。比如，为了避开暴风雨，他们必须在很远的地方就绕开。但是，事先他们一定要好好研究暴风雨的行走路线。那么，暴风雨的行程真的有什么特殊的规律吗？是不是有一定的法则可言呢？

诗人普希金说过，风、鹰和少女的心都是没有法则的。我们也有"和风一样自由"的说法。那么，这些说法都是真的吗？天气果真如人们所说的一样，没有任何法则吗？答案当然是否定的。世界上万事万物都有各自的法则，天气也不会例外。为了战胜它，当然要了解它。只有这样，才能防止它掀翻我们的船只，摧毁我们的飞机，才能防止水灾和旱灾的发生。

▲ 飓风

　　那么水和风明天会有什么动向呢？过一段时间又会怎样呢？因为人类不断地向自然进攻，自然对人类的报复也就越来越多了。作为有思维、有能力的人类，在此时不应该束手待毙，不仅要反抗攻击，还要发起反攻。

　　一个人的力量当然是有限的，但是，千千万万个人的力量加在一起就是无坚不摧的。每年，人们犁出的土地都有三千立方千米，有一座山一样大。而世界上所有的河流没日没夜地工作，也只有十五立方千米的成果。人们使用的所有的原动机已有两亿匹马力，而全球所有的风力却有它的三倍。

　　人们每年都会烧掉十五亿吨煤，这些煤都转化成了二氧化碳。假如，所有的二氧化碳都存留在地球上，那么地球上的温度会比现在温暖得多，温度会上升4℃左右。山顶的积雪将会不断地消融，海平面也会不断地上升。可是，不是所有的二氧化碳都留在空气中。叶子会吸收掉一部分，于是，植物变得

自然的力量有多么可怕

▲ 1896年袭击海湾和佛罗里达州大西洋沿岸的大飓风造成的破坏

更加丰茂。水也会吞噬掉一部分，石灰质也因此更加容易溶解，溶解的石灰质流入大海，大海的世界将更加绚丽多姿。

看吧！人有多大的本事。人似乎已经变成世界的主宰。他在河流旁建筑河堤、蓄水库和大运河，井井有条地管束着河流的行动。他把南方的作物移植到北方种植，完全打乱了作物的生长规律。

现在的人们不仅仅是在防御天气，还在一步步地进攻着它。哪天干旱的时候，能够呼风唤雨，也是有可能的。可是，无论怎样，人类都需要十分了解自己的对手。只有看清楚敌人，才能够更好地与敌人抗争。这就需要人们好好地研究那些自然的法则了。

到底什么叫天气，飓风、雷雨等又是何物？这本书的主角到底都是怎样的角色呢？

第02章

·隐形人·

　　我们每天都要和一个"隐形人"打交道，你没办法看到它，但是你可以听到它，可以感知到它。当你看见窗或门关了的时候，就是它在恶作剧了。你看到树丛在动的时候，它就存在于那里了。有的时候，走在大街上，你能够感觉到它就在你背后，可是，你就是看不到它。

风 的主人

　　我们每天都要和一个""隐形人""打交道，你没办法看到它，但是你可以听到它，可以感知到它。当你看见窗子或门关了的时候，就是它在恶作剧了。你看到树丛在动的时候，它就存在于那里了。有的时候，走在大街上，你能够感觉到它就在你背后，可是，你就是看不到它。它可能不会彬彬有礼地对待你，它可能会恶作剧地掀起你的帽子，让你在众人面前狼狈地追着帽子跑。也可能在你正走路的时候，掀起一把沙子弄到你的眼睛里。

　　如果你看到一个塑料袋悄悄地飘起来了，你一定会明白就是它在作祟。你看不到它的原型，可是，你清楚它的活动轨迹。人们或许并不知道这"隐形人"长得怎样，可是和它接触得越多，就对它越了解。

　　在人们还不是很了解它的时候，就已经在利用它为自己服务了。它在陆地上和在海洋里总是做些没什么意义的事情，那么，人们就给它找份工作吧。在海洋里，可以利用它推动帆船。在陆地上，则可以利用它转动风车。人们巧妙地把船桅变成风车，就使唤"隐形人"转动风车。从此，"隐形人"便驯服地磨起了面粉。这样一来，"隐形人"就要和人类一样辛苦劳作了。人们要煽风点火，"隐形人"就要使劲儿地往炉子下面钻。看来，"隐形人"越来越听人们的使唤了，这样看来，它就好似人们的仆人了。

　　不过，千万不要高兴得太早。它的主人可不只人类一个。现在，它受命于人类，乖乖地推着帆船前行。一会儿可能就会听从天气的调遣，把帆船打翻了。

　　有一个传说，"隐形人"是成群结队的，不只一个。它们原来被石头密封在山洞里，它们的主子想让它们活动的时候，就会把那些石头搬开。这样一来，被憋得发慌的"隐形人"便会出来瞎胡闹了。这下想要把它们抓回去就困难多了。

▲ 风车

不同地区的人对风的主人有不同的叫法，希腊人叫它"埃欧勒斯"，波利尼西亚人叫它"玛乌伊"，印第安人则叫它"乔其"。早在很久之前，人们已经知道，风不仅仅只有一种。希腊人就把风分为好多种，北风叫做"保里阿斯"，南风就称为"诺特斯"，西风就是"赛费勒斯"，东风的话就是"尤勒斯"。在已经给风命名的地方，人们已经了解了一些风的知识。人们曾经在国王的宴请会上，为那在史诗《奥德赛》中导致沉船的暴风雨高歌。

谁能侥幸地避免逃难的灾害，如果在昏暗里

突然带着意外的暴风雨，神速地

在黑色的海上驰来了诺特斯或者赛费勒斯？

由于它们，连神的船舶也毁灭在海的深渊底……

当然，历史学家是没办法分出哪些是事实，哪些是灵感的。但是，气象学家就有办法了。气象学家穆尔塔塔夫斯基就是这样一个人。他就这样开始研究《奥德赛》了。这可是个顽强到不屈不挠的人，他研究出来的方法可以推测出以后好多天的天气状况。就是这样一个人，他非常想知道，特洛伊沦陷后，班师回朝的人们遇到了怎样的天气，从诺尔曼到希腊途中的俄国商人又和怎样的天气打过交道。

他在地图上的地中海附近标注了好多代表风向的箭头，看着这些指示，所有的东西就一目了然了。根据地图指示：先是北风，然后是东风、南风，最后是西风。

从西部到东部的气旋经常有这样的运行轨迹。大约在三千年前，一个气旋过了地中海之后，就不见了踪影。气象学家真是神奇，竟能够从古老的史诗中找出当时的风的轨迹。那首诗里的描述和现在的气象图一样准确。史诗不仅仅记录了历史事件，也记录了各种自然现象。

一直以来，人们都在密切地关注着自然里的万事万物。他们会观察到很多现象，但是可能会无法解读。他们无法猜出那些不断变动着的标志预示着什么。他们也许会有一些认知，可是总是那么模糊，最终还是无法解读。

在堪察加，当人们看到一堆扫在一起的雪堆时，也会疑惑。他们心里明白，雪不会无缘无故自己堆成一堆，雪沟也不会无缘无故地存在，肯定存在一个外力。要么是马，要么是车，反正总有一个事物存在。可是，这么深的雪沟到底是什么样的事物造成的呢？于是，大家就开始猜测，很多人都认为那是天神的雪橇留下的痕迹。可是，根本没人看到啊。不过，下那么大的暴雪，没人看到也是很正常的嘛！而且，那深深的雪沟不就是证据吗？

地球上，无论在哪个地方，故事主角都离不了风和暴风雨的身影。天气曾经是这个地球的统治者，人们完全无法逃开它的统治。不过，人们也没有束手无策，而在不断地认识它，对它也越来越了解。

古时候，航海还没有那么先进的技术，可是人们也有办法对付天气。人们用两只手的力量来测试风的大小，选择帆索；凭借眼力来看风的力量。

在气象台还没有出现之前，人们已经在帆船船桅上挂上小旗帜，风信标也早已被运用在海边城市的塔上。人们只需看看小旗帜或者风信标就能够知道当时的风向。其实，很多时候根本不需要，只要看看烟囱里烟的走向就可以简单地判断是否有风，以及风的方向。

不仅仅水手们要与天气打交道，农人们也要和它打交道。农人们要根据天气在适当的时候播种，在适当的时候收割。天气最恼人的时候是，生长得正好的时候，突然遇到早寒的摧残。还有的时候，在晒草的时候，突然降暴雨，这下全毁了。

诗人赫西俄德给村民们忠告：如果北斗七星在傍晚的时候，刚刚露出地平线，那么打粮食的季节就到了。如果傍晚时分，刚刚在水平线以下，那么耕耘的时节就到了。冬天到来的时候，会有许许多多的鹤群在空中叫。之后，北风也会呼呼地吹进你的世界。只有提前准备，才能防止冬天的意外袭击。他说："这就是按照自然规律的耕种法则。"

许许多多的鹤群在空中叫时，人们就知道冬天将要来了。看来，那个时候的人们就已经掌握了有关

▲ 鹤群在空中飞过时，表示冬天将至

耕耘的规律。无论是夏天还是冬天，无论是温暖还是寒冷，所有的一切都应该遵循法则。

那个时候的人们没有任何先进的科技仪器，可是，人们会观察，会倾听自然。大批飞往南方的鹤群告诉人们冬天来了。当蜗牛背着小房子躲到树上的阴凉处的时候，人们就知道酷热的天气来临了。人们密切地注视着自然的一举一动，任何细微的变化都不会逃过人们的眼睛。在诗歌中，人们通过丰富的想象，用心诠释着天气的形象。天气在人们面前永远是个坏脾气的女王，可是，人们却总是把它当作自己的仆人。

在远古的传说中，天气这个"隐形人"就隐藏在遥远的一个山洞中。不过，这些都不能令人们信服了。因为，在生活中，人们总能够感受到它就在人们周围。看到一个瓶子，人们都会想，会不会"隐形人"就躲在里面。只是因为它是隐身的，所以我们看到的瓶子才是空空的？如果把瓶子反过来浸泡在

▲ 古代的船多借助风力行驶

水中，水不可能立即充满瓶子。只有一种奇怪的东西先跑出来才可以。我们会看到一串串气泡接二连三地跑出来，难道这就是"隐形人"？

也就是说，"隐形人"是藏在瓶子中的。无论在哪里，只要有空间的地方，它都有可能藏在里面。它就在我们周围活动，甚至是藏在我们的身体里。工人们在吹玻璃瓶的时候，它就通过一根细细的管子从人们的身体里跑到了玻璃溶液中。生意人和工人们经常接触到这些事情，所以常常会引发他们的思考。他们中，很有智慧，很有勇气的人都不会再追问天气是谁，海洋是谁，水是谁这样的问题了。而是改问，空气是什么东西？水是怎样的？土地到底有什么秘密等。这群人已经不再认为"隐形人"是一种神奇的生物了，他们已经觉得"隐形人"其实是一种"无生物"。

在公元前6世纪的时候，米利都有一个著名的哲学家名叫阿纳克西曼德，他告诉人们"风的产生源于空气被推动时"。他对天气这个"隐形人"进行了大量的研究。他仔细地观察着天空在晴朗的时候为什么会突然阴云密布，为什么就下起了雨。他曾对自己的学生说："云的产生是由于许许多多的空气聚集在一起，变得很厚重。这样也可能产生水。如果，水在下落的过程中结冰了，那就是冰雹了。但是，如果湿润的云层本身结冰的话，那么就会下雪。""闪电的产生，是由于风把乌云分成了两片。当风把乌云撕开的时候，火光就出现了。而彩虹是因为阳光照在了厚厚的云层上。"

可是，这只是阿纳克西曼德的一家之说，有的人可不这么认为。比如说亚里士多德。亚里士多德是之后非常著名的人物，世界上第一本天气方面的书就是他写的。书名就是《气象学》。于是，一个新的学科——气象学就诞生了。就是到了现在，这门学科依旧延续着这个名字。

书中，几乎所有的篇幅都在讲风、飓风以及气旋。书中亚里士多德的观点明显和阿纳克西曼德不同，他认为风不是由于某个推力而产生的。他说，

空气是地球呼吸时呼出的气体。北方比较寒冷，呼出来的是冷气，这些冷气聚集在一起则形成北风。而南方的土地则呼出热气，这些热气聚集起来就形成了南风。

人们在"隐形人"这个话题上争论不休。可是，"隐形人"却不理会这些，尽情地做着自己的事情。在天空中，追赶着乌云。在北方呼呼地刮着北风，在南方吹着温暖的南风。燥热的酷暑之后，是凉爽的秋季，之后厚厚的白雪覆盖了山顶，云雾笼罩着整个平原。

雾从哪里来，又消散到哪里去？美丽的云霞是怎么形成的，第一滴雨水又是因何下落？为什么寒冷的是北方，温暖的是南方？为什么雪总是降落在塞西亚，而利比亚的人们却从没目睹过雪的风采？

这么多关于"隐形人"的谜，人们猜也猜不到。它好像是在刻意躲避着人们，难怪哲学家们用"躲躲闪闪"来形容天气。空气是"隐形人"，躲避着人们还情有可原，可是，就连水也时常变换形态，和人们捉迷藏。上千年的时间里，人们一直在好好地思考：在酷暑中，在严寒中，在暴风雨中，自己到底是在和一个怎样的事物打交道。

▲ 美丽的云霞

困扰人们多年的 谜

寒冷的天气为什么总是在北方？南方为什么总是温暖的？这个谜一直困扰着人们。

希腊的水手和商人们在环游世界的时候，发现北方的太阳总是比南方的太阳位置低一些。在塞西亚，太阳总是那么低低地垂挂着；而在利比亚，太阳则升得老高。

也就是说，所有的一切都有自己的界限。炎热只能在非洲才能猖狂，塞西亚的领土是没有它的容身之地的。利比亚垂直的太阳，能够把青草灼伤。而在塞西亚，倾斜的太阳柔弱得甚至不能融化那时的冰雪。

由这些现象，希腊人总结：太阳光的倾斜度决定了一切。这样便产生了一种学说，有关气候的学说。在希腊字里，气候叫"克里玛特"，就是"倾斜度"的意思。从这里看来，似乎揭示谜底的钥匙已经在里面了。可是，远远没那么简单。没错，希腊人的理论很对。太阳的倾斜度是一个重要的因素。不过，却不是根本原因。一把钥匙是不足以揭示谜底的。而第二把钥匙的获得，却足足使用了两千年。这么看来，天气可真是一种神秘的事物。

而有关水的问题则更加奥妙了。在水中航行的时候，人们总会注意到，河水会注入海中，而海水则会注入大洋中。就这样，一年又一年过去了，国家朝代更迭了多少次，可是水却从来没有停止过运动。可是，为什么海里的水总也不会溢出，而河里的水却总也不会干涸呢？人们觉得这是十分不能理解的，于是也就不再多想了。

可是，有些人却很认真地思考着这个问题。海洋里的水不能溢出，就必须保证水要流向其他地方。河里的水不能干涸，就必须保证有水重新注入进去。这样的话，也就可以假定，江河的水又源于海洋，而数量正好与输出的相当。于是，一个公式就出来了：

河流—海洋—河流。

第一个过程，人们在环游的时候，已经亲眼看过。可是，第二个过程是怎么回事呢？没有人见到过啊。

很多时候，人们也会好奇地追向河流的源头看看。这个时候，人们会观察到，河水是从地底下流出来的。就在山坡上，清澈的泉水潺潺地流淌着，慢慢地就汇成了小溪，再然后就成了宽阔的河流。也就是说，河流的水是从地下流出的。于是，又有了这样一个公式：土地—泉水—河流—海洋—土地。

现在就剩下一个问题了，就是说，海洋里的水是怎样流到地下去的，地下的水又是怎样流到河流里去的。这是这个链条中最后的一环，也是最难解开的一环了。

▲ 泉水汇流成河

那时候，人们都以为陆地就像一只小船或木筏一样漂浮在陆地上。我们所熟知的阿纳克西曼德的老师——哲学家忒利斯时代，人们就是这样认为的。这样，人们就认为，海洋里的水就是从陆地上渗进去的。就像是船底漏的时候那样，水从下面渗进来。这似乎是一个很简单的道理。可是，这个道理却又不能这么简单地说服每个人。由一个谜又生出其他的两个谜：第一，我们都清楚海洋里的是咸水，而江河里的却是淡水。为什么在流淌的过程中水发生了变化？第二，我们都知道，船底漏水是从下流向上的，可是，事实中，怎么会有水从山上流下来呢？

于是，人们又开始不断地思考，不断地研究。对于第一个谜，他们终于得出结论：地下的水在往上面渗入的过程中，盐分被地表滤清了，盐都被留在了地下。第二个谜，人们的意见则是不同的。有人认为，这是风的力量把水吹到了山顶上。也有人认为，这是山自己的力量把水压到了山顶。

也有人解释说，水从海洋中，注入巨大的地下穴；在地下穴中，水被蒸发成水蒸气。水蒸气不断地上升，到洞口的时候又成了水，慢慢地渗入陆地。而盐分却被留在地下。

看看吧，为了解开这个谜团，人们费了多少脑细胞吧。亚里士多德对这个问题也研究了很多。他当然十分清楚，云啊，雨啊，雪啊，冰啊都是水的化身，只是形态不一样罢啦。有的时候，它就变成"隐形人"，随着太阳的蒸腾一点一点往上升。等待温度下降的时候，它又变成水滴一点一点往下落。

亚里士多德对雨水的转化有深入的观察。他认真地观察过雨水怎么汇聚成一条小溪，然后再流入河流或慢慢地渗进泥土，最终又重新窜出陆地。经过仔细的观察和深入的研究，亚里士多德认为还有一种新的答案解答这个谜团。水一定存在着第三条路，除了陆地和地底以外。那就是天空。

亚里士多德就那样仔细地搜寻着水的脚步。在走的过程中，他慢慢地

▲ 水循环示意图

发现，水不仅流向了我们的脚底，也跑到了我们的头顶。这样一来，一切因素都可以串在一起了：海洋—云—雨水—陆地—河流—海洋。于是，整个的水循环系统就这样完整了。可是，颇有讽刺意义的是，亚里士多德居然不相信自己的推论。他认为，雨水用来填充地球上的河流是远远不够的。本来顺着原来的思路应该是去研究天空中的水的，可是，他重新返回去研究地下水了。

丢失了这一环，亚里士多德是不会找到真正的谜底了。到了后来，他居然把海洋也剔除到链子的外部，云和雨都不考虑了。他居然认为，地下洞穴里的水根本不是来自海洋，而是地下的空气或者泥土变成的。

一年又一年过去了，这个谜还是没有被人们猜中。其实也是，对于当时的人们来说太难了。想想也真是困难啊，能看见它的时候，它在地底下；在空中的时候，又没有固定的形态。

把水当作苦工

　　人们不仅观察水，研究水，还逮住它，逼它做义工。和风相比，与水打交道就显得很容易了。风总是无形的，而水却不同。水只在有些时候才是看不见的。人们可以容易地抓住它，利用它。可以随意地用堰拦住它，弄到运河中。

　　古代时期，尼罗河决定了埃及人的一切。缺水的时候，就会有人饿死。水多的时候就会洪水泛滥，毁坏城市和村庄。于是，人们建筑了堤坝抵御自然。尼罗河水位很高，要泛滥的时候，人们就会控制住它，不让它流到大海中。为的是有充足的水和肥沃的淤泥。

　　水通往大海本来是可以走直路的，却无缘无故地多走了三千米的路。一路上全是沟渠和运河。按照水本身的脾气，肯定是不愿意这样走的，可是，人们却使用汲水器逼着它这样。苏联时还留存着汲水器。

　　人们就这样勇敢地和河流做着艰苦的斗争。战争时期，通过研究，人们也越来越了解它，越来越懂得预测它的行为。人们对尼罗河十分敬畏，直直地注视着它。普通的民众认为尼罗河泛滥是一件十分不可想象的事情。为了这事，他们每年都会默默地祈祷。可是祭司们却知道得很多。他们明白，到一定的时节，尼罗河就会泛滥。所以，他们可以准确地预言日期。

　　他们用量水器测量河流的深度，直到现在，埃及还保留着这种工具，叫做"尼罗河量水计"。人们在河岸上凿出一段阶梯，然后再在旁边立一根圆柱形的柱子。圆柱子上刻满了线条，每个线条都表示水位的高度。在另一个

▲ 尼罗河河水测量计

地方造出一口井，井通过隧道和尼罗河连接，通过井水的刻度就可以知道尼罗河的水深。人们只需看看量水计，就能够知道下游的埃及河水的高度。

一定的时期，祭司会和首相说要涨水了。首相再把这个信息传达给国王，于是，国王就开始祈祷。曾经有这样一段话出现在一个埃及国王的坟墓墙壁上："我的祈祷使尼罗河用充足的水分灌溉庄稼，所以，人们在我在位期间才得以免除饥饿。"于是，有关水的第一个职位也就产生了，负责人就是埃及的祭司。

不仅埃及人对水有了一定的研究，别的国家也在学习利用水做事。他们在河流流经的地方装置上一种设备，这种设备是带着勺子的轮子。就这样，河流流经的时候，轮子就转动，勺子就取水。等到勺子转到高处的时候，水就会被倒到沟渠里。水顺着沟渠能够到达庄稼地里，灌溉庄稼。直到现在，这种道具还留存于中央亚细亚呢。

水被用来浇灌庄稼，也被用作碾麦子，就像风一样。人们已经不满足于仅仅研究水的流经路径了，他们开始为水开道，控制水的流向了。于是，水无奈地做起了人们强迫它做的事情：它被迫流到离地面很高的地方，要从萨摩斯岛的山丘流过。

在长久的研究中，人们对水的认识越来越深，关于水文学的第一本书也就诞生了。书中有关于地上水和地下水的内容。这本书的作者是罗马市的一个名为佛伦丁的工程师，他负责整个城市水的调度。他不仅仅要测量水的深度，建筑水道，还需要知晓城市对水的消费量。城市也是要喝水的，就像人一样。

▲ 加尔水道桥（Pont du Gard）是古罗马帝国在法国南部建造的一座渡槽，位于加尔省勒穆兰附近，横跨加尔河

　　记得他的老师亚历山大里亚曾经说过："在建造贮水池的时候，一定不能只是考虑到水道的大小。水道的大小不是水量的唯一决定因素，流量也是一个很大的因素。所以，要精确地计算出每小时增加多少水量，每天增加多少流量。"

　　在不断的探索中，科学家们越来越熟悉江河，于是，他们开始慢慢地解释哲学家们未完成的谜团：水到底是怎样回到江河的？名叫马尔库斯·维特鲁威·波得奥的罗马建筑师这样认为：山上满是堆积的冰雪，这些冰雪慢慢地渗透下去，最终从地底穿出，就是江河源头。很显然，这已经比较准确了。人们对自然的了解已经越来越深入了。

　　航海家们早已知晓，海上的风也是有轨迹可循的，并不是胡乱吹的。印度洋上，夏季的时候，风是从洋面吹向陆地的，冬天则刚刚相反。罗马人十分聪明，利用这个规律来到了印度。

女巫与天气

随着时间的飞逝，中世纪来到了我们跟前。刚刚有些萌芽的科学苗头顿时失去了地位。哲学家的地位被神学家取代，工程师和天文学家的威望也给了魔术师和占星术士。天上的星星成为占星术士预报天气的工具，神学家更是离谱，认为各种灾害是天神在发怒。

找水源的人就拿着一根所谓的魔杖，在村里转来转去。他对人们说，魔杖把人们引到哪里，哪里就是有水的地方。在那里挖井就没错了。于是，本来已经露出一点面目的"隐形人"又重新归于神秘。

在有的小渔村里，孩子问妈妈："妈妈，窗户外面是什么在哭啊？"妈妈就会小心翼翼地告诉孩子："那是风的母亲在哭泣。"又有谁能预知下一个哭的是谁的母亲呢？发生在英国的故事更加离谱，当人们遇到暴风雨的时候，他们就认为那是"野猎人"。这些都和乌云无关，是猎人在追赶着野兽。这野兽十分可怕，狰狞的面孔，长长的尾巴，张牙舞爪的，猎人就骑着骏马在后面追击着它。

城里的贵族们会读到《阿塔尔王和圆桌骑士》之类的书。书中有一个故事情节：有个骑士，一剑刺中了一个大碗，于是就下起了密密麻麻的冰雹。冰雹毁坏了周围所有的植物和家禽。而骑士却十分幸运，依靠盾牌赢得了一命。贵族们看到这样的故事，都相当惊讶。毕竟那个时候，关于天气的故事是不多的。

一次，英国突发风暴，很多船被淹没了。人们为这场风暴找到了一个凶手——一名学者。他被指认为拥有妖术。于是，他就被送进了监狱。百般酷刑之后，他实在无法忍受，于是不得不承认自己拥有妖术，并使用妖术命令英国全部的女巫乘坐筛子在海中漂流，因此弄得风暴发脾气。

法官问他："为什么女巫要使用筛子这么奇怪的东西做交通工具？"他回答："因为不使用筛子过去的话，她们就会被淹死啊。"于是，法官下令处决他。当时迷信和偏见统治了一切，人们不再有常识，更不再相信科学。人们居然会这样说明雨的形成：天使先用长长的管子把水从海洋里吸出来，然后再慢慢地从空中喷洒。

于是，人们开始记载各种各样的有关灾害的预兆。有的时候是有一只2个头的动物出生了，彗星的出现也是表现之一。这个时候也出现了很多书，很多是关于星座和行星给天气造成影响的。有一本，封面绘图是这样的：主体是一个拿着犁的农夫。他后方则是正在慢慢坍陷的城堡，城堡的下面是分成两半的山丘。天空中滚落下一块一块的石头，乌云里满是闪闪的电光。天神们一个个地端坐在乌云上。按照书中的说法，这场灾难就是这些天神们一起制造的。书中叙述了雨啊、风啊等是怎样由行星的"冲"和"合"造成的。

迷信势力是十分顽固的，在科学彻底击败迷信之前，科学家们早已和迷信战斗了好久。历书上一点一滴的记载，无不倾注了科学家们的心血。

中世纪时期，历书里几乎全是占星术的内容。人们花钱买历书不是为了知道日期及其规律，而是想试图从中看出自己最终的命运，以及第二天的天气。18世纪之初，俄国就曾经有这样的书出版。由于这本书是在伯留斯伯爵的监督下编写的，所以命名《伯留斯历书》。辞官后，伯留斯就在一个城堡中不停地研究科学，可是，老百姓们却称他为巫师。1725年，

▲ 占星术罗盘

科学院在彼得堡成立。一成立，人们便向占星术提起挑战。他们自己也出版历书，这种历书首页便写着占星术都是骗人的，它的预言早已被打破等言语。

不过，要真正打败占星术并不是一件容易的事情。百姓们可并不买科学院的账，他们要求恢复原有的历书。这样，他们就可以非常容易地知道明天的天气以及夏季的降水情况。在强大的压力面前，科学院的人们不得不退步，在自己的历书上也开始编写关于占星术的文章，可是，他们丝毫不希望自己的预言成真。他们写这些内容的时候，还在旁边自嘲着：我们一点都不希望书中的预言成真，一次次的失败之后，人们应该明白，一点点的钱是买不到真理的。

几年之后的 1746 年，科学家们又开始进攻占星术了。这一次，人们得到了很大的胜利。就是在罗马，占星术也不受宠了。一年后，星座预测天气状况的书已经不存在学院的书里。可是，在其他出版的书中，依然有关于占星术的记载。

有一本 1814 年版本的书，名字叫做《天文学望远镜》，还有的翻译成《物理学、政治学、经济学及天文学通用万年历》。这本书里记载了各种各样的事件。包括日期以及哪个人第一个穿丝袜等等。书中有有关美洲大陆的发现这样的大事，也有国王的军队统一定制军装的小事。

通过这本书，我们知道印刷术发明的时间，也能够知道，木针什么时候被铁针代替。也能够知道有关大气等自然现象的描述。不过，除此之外，书中依然花费了不少的篇幅来介绍占星术。这些内容介绍了行星对天气以及人们命运的影响方式。这里有一段关于天气的 1946 年的预言。

初春时节会比较冷，降雪多。盛夏时节，气温上升，风很多，春季末尾，天气舒适。

夏季刚到时，很潮湿，后来就好了。庄稼蔬菜应该早早收割。

秋天，十月中旬之前温度很低，后来就秋高气爽，秋季快结束的时候，就会整天阴沉沉的，多降水。

冬天的时候倒不是很冷，就是风很大。天气不好的时候，空气会很寒冷。

百姓们从这些书中就能够知道春天、夏天、秋天及冬天的天气。当然，著书的人也知道这些都是骗人的，所以，早就替自己上好了保险。

看看吧，那时候都出版的什么样的书。可是，百姓们就是相信它，就是愿意花钱买它。本来也是，就是现在，在某些地区依然有那么多的人相信占星术。

曾经看到过一本书，是1946年英国出版的，内容就是有关占星术。外表上，这本书有花哨的皮面，后面就是一些广告。内容有赛马、海船、追赶人们的印度警察、卖报人和示威游行等等。

是不是够现代的？可是，一旦打开，你就会看到占星术专属的注解和附表，里面还有关于在这一年出生的小孩子的专属星辰。通过阅读，人们可以了解到每个人的命运走向。

看完这本书，人们就可以清楚地知道哪一天该做什么。比如说，哪一天做生意会发大财，搞事业会成功，谈恋爱会结局完满；在哪些天，会有无尽的烦恼等等。在人们决定做一件事之前一定要看看星座怎么预言的，就是种一颗土豆这么大的小事都要看看星座怎么说。不仅如此，历书还预言天气的状况。它会说，六月份会很热，十一月过一半的时候就会下雨，一月份的时候，天气就会很冷。聪明一点的人都可以看出，无论怎样，历书中的预言总不会全错的。

信风 与 无风带

在之前的叙述中，占星术占据了主体，可或多或少地忽视了中世纪的大众。因此，我们将话题转回来：

由于人们误入歧途，"自然"重新变得神秘，"天气"也是那么遥不可及。它不再是自然界的法则，而是由一种神秘的事物在操纵着它。

不过还好，人们只是存有这样的思想，可是真正做的时候却有另一套。举个例子，一个磨坊主面对着深不可测的堤坝里的水，一定会想到各种各样的水怪啊什么的。可是，真正需要水的时候，他还是会勇敢地拦截以及

▲ 水车磨坊

使用。就这样，磨坊一直就这样不停歇地转动着，水和工人们也这样不停歇地工作着。等到磨坊主的后代们长大成人的时候，会重新改良老一代的磨坊。加进先进的技术，磨坊也就会更加现代化。于是，下射轮被灌注轮所代替。

之后，人们再也没有必要把轮子安装在河流处了。那时候，人们想把它安在哪里就可以安在哪里。然后，再把水引到那个位置，从上往下冲击轮子就可以。也就是说，人们不用把磨坊建在河边了，而是将河流牵引至磨坊的附近。

水做的可不仅仅这些，它还会出现在造纸厂里，做簸筛子的工作。当然，也会出现在铁厂里。水通过吹火，大大增加了炉子的温度，这样铁的产量就大大提高。这下可热闹了，空气和水被放在一个地方做工。水通过冲击转动

▲ 风车磨坊

车轮，车轮则负责拉动风箱。从风箱里窜出来的风一下子进入熔炉，从熔炉的底部一下子到顶部。

经过不断改良，风车越来越脱离了帆船的形态。船帆逐渐被木质车翼取代。屋顶经过改良也变得会旋转了。这样一来，风车的车翼就可以时刻保持对着风了。人真是越来越懂得怎样驾驭风与空气了。

之前，罗马人利用季风的作用，顺利地到达了印度。这个时候，人们又新结识了一个朋友——信风。利用赤道附近由东北到西南的信风，人们也可以顺利地到达目的地。

伟大的航海家哥伦布就是利用信风的帮助到达巴哈马群岛的。那时，船

▲ 靠海风行驶的帆船

上的人们都很奇怪，为什么感觉风像是在帮忙一样地把船往西方吹？岸上的树木也都弯腰朝向西方，好像是在指示方向一样。

之后，一个西班牙人有了一项更为奇特的发现。他看到一条浅色的河流，那河流就在海洋里，只是颜色稍微浅些，水比较温暖些。河流和陆地上的没什么太大的区别，只是更深更宽罢了。由于它从墨西哥湾流过来，所以人们叫它"湾流"。信风把水使劲儿地往水湾里驱赶，水受不了就顺着佛罗里达海峡流了出去。

航海家通过航海，一点一点地认识风和水的生活。风在海洋上发挥着很大的作用，它制造波浪，驱动帆船，在海洋里造成河流等等。麦哲伦就是在它的帮助下实现环游的愿望，从此，人们知道地球上所有的海洋都是连在一起的，而且它的面积远远大于陆地的面积。

航海家的船上装了很多的奇珍异宝，金银、香料、古玩等等。人们在一步步地攻占海洋，在此过程中，人们明白，只有认清楚敌人的真面目才能够更好地和它斗争。

以前，人们从来没注意过赤道附近的飓风和风暴，不过现在，由于香料贸易经常会受到它们的影响，所以，人们也开始重视了。贸易加入了自然的影响，怪不得英国人用贸易风来命名信风呢。

他们把回归线无风带，也就是位于南回归线到北回归线之间的地带叫做"马纬度"。那之间几乎没有任何风浪。帆船时代，人们不懂得技术，只有死命地等着顺风。贸易中，欧洲的输出中，除了一些平常的东西外，还有动物——马。因为美洲大陆刚被发现的时候，那儿是没有马这种生物的。当无风的时候，帆船就会停止在海面上。船上的马就会因为没有食物吃而被饿死，然后被人们抛下海去。这样，"马的纬度"的名称也就由此而来。

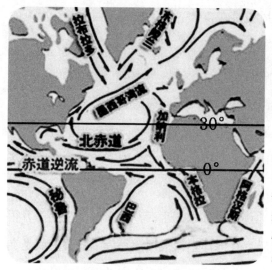

◀ 在南北纬30°附近的海面上，风不经常来这儿做客，这可苦坏了古代的航海家和商人们，使他们不得不整星期地等候着顺风的到来。那时候，帆船除了装载货物外，还需要装运许多马匹，因为美洲大陆在被发现前，那儿没有马。随着时间的流逝，马匹会因为缺少草料而死去，而马肉又吃不掉，没有别的办法，只好把马抛入大海给鱼吃。因此，人们把这个令人苦恼的无风带，起了一个非常古怪的名字——"马纬度"。

　　于是，交易的地方越来越热闹。商人们赚到一笔又一笔的钱财，口袋也渐渐鼓起来。于是，工厂里的机器永不停歇地转动着，工人们永无休止地工作着。这个时候，科学家们也没闲着，科学重新复苏了。人们可以在羊皮卷制成的古老书卷中找到它的踪迹。这样，人们重新开始议论起"隐形人"。

第03章

人怎样看见"隐形人"

人们开始明白，原来空气中的压力是不同的，山顶的空气压力就比较小。人们生活在厚厚的空气底下，却感觉不到它的压力，而气压表感觉到了。

检查"隐形人"

公元前 4 世纪，亚里士多德就想把吹起的一个气泡称一称，可是总是没有办法完成。后来，伽利略终于完成了这个实验，时间已经过去了 2000 多年。

以前人们总是认为空气既看不到，也没有重量。后来，经过称量，伽利略发现空气其实是有重量的，只是比较轻，只有水重量的 1/400。

▲ 伽利略

伽利略是一个很厉害的科学家，他经常研究"隐形人"。曾经用望远镜观测到行星，曾经用显微镜观察跳蚤的腿脚。不过，等到和空气交手，就会麻烦很多。

无论是使用显微镜还是望远镜，空气都是看不到的。也没办法抓住它看个仔细。如果碰到一件我们从来没有见过的东西，我们一定凑近了仔细观察。会拿在手里感受感受，看看它到底是硬是软，是凉是热……每种事物都有属于自身的特性，有些事物我们可以通过眼睛看到这些特性。可是，不是所有的特性都可以用眼睛看到的，很多时候要发挥我们其他的知觉。可是，人们偏偏就信任自己的眼睛，什么判断都交给眼睛。很多时候，连判断炉子是否暖了都要去"看看"。

医生给人治病的时候，人们也老是说"给病人看病"，其实，在诊治的过程中，医生根本不怎么用眼睛，其他感官的运用反而更多。可是，没办法，人们也从来没有说过"用耳朵去看"的话语啊，只会说"用眼睛看"。自然，眼睛有很大的功能，不可或缺。而且，看得见的东西总是比较形象，易于衡量。

可是，遇到了"隐形人"，眼睛就不好用了。我们没办法看到它，就只能运用别的感官感受它了。我们可以听得到风的声音，可以感觉到它的冷暖，可以感受到在平原上的呼吸和高山上不一样。

可是，这毕竟只是感觉到，而不是真正地"知道"。于是，为了真正知道，人们就必须去测量它。只有精准的测量才能让人们信服。要不然，会争论不休的。比如说，一个人可能会说："昨天好冷，今天就暖和点。"另一个人很可能持相反意见："哪里啊，今天才冷呢！"

为了让大家心服口服，就必须测量。可是，一般只有看得见的东西才容易测量，看不见的东西测量起来好困难。对啊，严寒和酷暑要怎么去测量呢？怎样才能够把含糊的触觉，转化成清晰可见的视觉呢？要说明这个问题，需要借助温度计的帮助。现在，人们都认为温度计好平凡。然而，300多年前，当人们看到伽利略的第一支温度计时，惊讶之情无法言表。

不是玩笑！人们觉得现在测量天气冷暖就像测量一块布那么容易。以前模糊的感觉竟可以这么清晰地看到，真是太神奇了！

不过，伽利略的温度计并没有流传下来，人们是在一个名叫卡斯德里的修道士的一封信中看到的。他在信中讲述了伽利略给他看温度计的故事。伽利略拿过来的温度计下面有一个鸡蛋大小的圆球，上面插着很细的圆柱形管子。他先把玻璃球暖热，然后倒过来，把玻璃管插在水中。这样，随着玻璃球温度的下降，管子中的水就上升。

这样，它不仅在温度变化的时候发生变化，气压也会影响水的高度。所以，它就不仅仅是一个温度计，也是气压计。环境中的空气压迫水进入管子里，而温度上升的玻璃球却把水重新压出来。就这样，来来回回，既争斗，又和谐。

这样互相影响总不是回事，就像连体婴儿一样，一定要把它们分开。各司其职，才不会造成混乱。把它们分开的是伽利略的学生托里拆利，还有托斯加尼公爵斐迪南。

▲ 托里拆利

托里拆利的气压计是一只碗和一个管子，而气温计则是一个玻璃球以及牢牢焊在上面的管子。温度计里面装的是酒精，管口也被牢牢堵死。就是为了防止空气去影响酒精。原来表示尺度的线条也被小玻璃珠所取代。

造好的温度计并不是现在的模样，又经过了多次的改良。尺度是一个很大的问题。如果想量一块布，或者两堵墙之间的距离，尽管去量就是了，有确切的刻度。可是，对于冷和热人们怎么衡量呢？我们都知道，需要在管子上画一些线条表示刻度，可是，有什么标准呢？从哪个数字开始呢？

面对这个问题，大家有了分歧。有人认为，应该采取一年中最冷的和最热的温度。可是，这些年年都不一样。而且，每个地方的温度也大不相同，难道每个地区都要重新做一个温度计？

想象一下，假如你想知道炉子和窗口之间有多远，可是炉子却突然满屋子跑。那么，怎么能够测量呢？和这个道理是一样的，人们要测量温度，就必须找一个固定的"炉子"。

于是，有人就想到一个"炉子"，就是人的体温。无论在寒冷的极地还是在酷热的撒哈拉，人的体温都是差不多的，不会变化很多。

可是，这也行不通。别的度量单位有固定的米啊什么的，可是，哪有"标准的人"啊？而且怎样保护他，才能够让他体温永远恒定不变？

就为了在管子上面刻上一个固定的点，人们真是想尽了各种办法，历经了好长时间。人们曾经拿它量牛的温度，曾经拿到深深的地窖里，冰盐混合物中等等。可是，仍然没有效果。温度还是变来变去。人们又建议把零度定义为适中的温度，这也是"温度"一词的由来。拉丁文"Temperatus"，便有"温度"以及"适中"的意思。可是，到底怎样才算适中呢？在极地适中的温度，到了沙漠里就成了酷寒。温度表的外形当然也是形态各异，这倒没什么。关键是大家的标准不同，各自坚守着自己的风格，怎么也没办法统一。争吵之激烈，丝毫不亚于人类的战争。

总之，每个人都觉得自己是最正确的，却没有证据说服其他人。还好，经过努力，人们终于找到了固定的据点。人们拿温度表深入正在消融的冰里，在完全融化前，水银是不动的。把上面的玻璃球放在升腾的沸水蒸汽上，也是不动。这样一来，"炉子"就固定了，刻数字成了下一个任务，把两个固定点之间分成平均的分量也要进行。

可是，这也不简单啊。人们在水的沸点上写下"零度"，在冰的融点上，则用"一百"表示。温度表的度数倒过来，才是现在的摄氏温度计。于是，世界上两个温度计胜出了，一个是摄氏温度计，一个是华氏温度计。华氏温度计现在还在使用，人体温用96度表示，冰盐混合物的温度是零度。这样推算，32度是冰的融点，212度是水的沸点。华氏温度计在历史上有重大的贡献，但是也产生不少麻烦。科学家们不得不把读来的数字转换成人们共同认知的数字。

经过重重考验，温度计终于产生了。那么，要让它在哪里安家呢？这个科学家们还真没有马上考虑出来。把它放在阴凉里，会有一个数字；放在日光下，又会有另一个显示。后来，英国的一个物理学家想出了一个办法，把它放在朝北的屋子里，屋中几乎不生火。又过了好久，气象室出现了。在那里，日光几乎无法进入，空气却能轻松地进来。

那个时候，人们对温度计还不是很熟悉，也不固定地叫它"温度计"，很多人叫它"玻璃管"。那时，又出现了另一个神奇的东西，我们要详细地讲讲它。

故事发生在佛罗伦萨，有人打了一口深井。取水的时候，总是没办法取出来。于是，就请了伽利略来看看。伽利略检查了用来取水的唧筒。可是，检查了半天也没发现问题。于是，他就断言：是水的重量拉断了水柱。不过，作为学生的托里拆利可就不同意了，他认为是空气的重量在发挥作用。大家汲水时，空气就暗暗地使劲儿，压迫水到管子里。可是，井太深的话，空气的力量就不够了。如果水是水银的话，就更不行了。也就是说，因为井和活塞的高度高出了10米，所以就不行了。

解决争论的最好办法就是实验，实验是最好的证据。于是，托里拆利拿来一根一头密闭的管子，在里面装了一些水银。然后把开口的一头插进水里，结果出现了，管子中的水银并没有完全落下来，只落了一段距离。结论显而易见，不是水在支撑着，而是空气在支撑着水银。

被达·芬奇称之为"老师的老师"的实验，暂时中止了师徒二人的争论。可是，事情才刚刚开始。正常情况下，试验完毕，就要收拾器具。但是，托里拆利的实验器具却成了永恒。立在那里的水银柱，时而上升，时而下降。好像在指示着天气，也能预报天气。水银下降的时候就表示要刮风下雨了，上升的时候证明天气转好。简直是一部晴雨表。

晴雨表的产生推翻了亚里士多德的真空学说。他认为，大自然中哪里都不存在真空的现象。可是，在晴雨表中，人们可以清清楚楚地看到那段"真空"。所以，亚里士多德确实错了。不过，他的拥簇者却不甘心。因为在他们心中，权威是胜于一切的。可是，事实就是事实。仪器的指示说明了一切。多少年后，人们还是摒弃了"真空学说"。

关于"真空"有很多可以说的话题，它给人类带来了极大的便利，已经活跃在我们生产生活的方方面面。没有它就没有寿命很长的灯泡，就没有先进的熬糖技术，就没有其他许许多多的事物。

这样看来，"真空"真是一个很必要的事物。由于发现它的人叫"托里拆利"，所以，他就叫"托里拆利真空"。于是，人们又发现了一个新助手，新朋友。它不仅可以预示天气，还给人们展示了以前从未见过的情景：管子上部是光亮的水银柱，下面则是长长的空气柱。可是，这空气柱是不是有固定的高度呢？

托里拆利用尽办法算出一个数字：50英里。那么，50英里上面是什么呢？托里拆利回答，是"真空"。原来，大自然中并不是不存在"真空"，只是人们没有发现罢了。这样说来，地球不是在空气中穿过，也不是静止地悬浮其中，而是和周围的空气一起共同运行着。

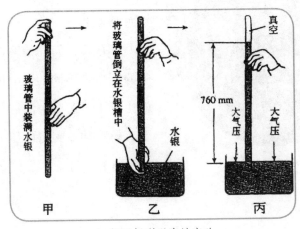

▲ 托里拆利温度计实验

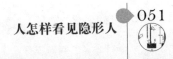

人怎样看见隐形人

于是，关于"真空"的争论，发展到了自然界的基本问题上。开始，人们总是认为罐子里是空空的。可是，后来发现了"隐形人"。它就藏在罐子里面。于是，人们就认为，世界上所有的地方都被它填充，没有"真空"地带。可是，托里拆利的实验宣告了一切的错误。真空是存在的！这时，人们重新总结，真空存在于方方面面。相对于真空，物质简直是尘埃一样微小。

不过，真理仅止于此吗？难道空气真的只有50英里，以外的全是真空的领域吗？这个问题，稍后解决，回到水银晴雨表上。

托里拆利的实验结果传到帕斯卡耳中，又引发他另外的思考。假设我们的头顶上真的是空气的话，那么越往上，空气就会越浅薄。山顶上的空气应该更浅一些，也就是说压力更小一些。于是，他便邀请亲戚彼利叶到一座名为普伊·德·多姆的山上去做实验。

▲ 帕斯卡在实验室

帕斯卡带着气压表爬到山顶处，让亲戚彼利叶拿着另一只气压表在山下。在山顶，气压表还是很精确地指向27，在山脚下的彼利叶测到的数字为"30"。也就是说，山顶的气压比地面少3寸。

于是，人们开始明白，原来空气中的压力是不同的，山顶的空气压力就比较小。人们生活在厚厚的空气底下，却感觉不到它的压力，而气压表感觉到了。

远方的"请帖"

在很早的时候，人们就已经开始研究空气了。空气看不见、摸不着，那么神秘的事物，单靠一个人的力量是不能够完成研究的。

托里拆利单独作战，帕斯卡拉来了亲戚彼利叶做助手，后来，事实证明，两个人也没办法完成任务。帕斯卡的亲戚中再也没有那么热爱这项事业的人了，于是，他把目光转向了朋友。彼利叶写信给各个城市的朋友，有巴黎的，有克莱蒙的，有斯德哥尔摩的……人们在不同的城市做着同一个实验。其中，斯德哥尔摩的研究者是笛卡尔。

后来发现，在不同的城市，气压表表现也各不相同。在巴黎就很安稳，在斯德哥尔摩就比较暴躁，忽升忽落的。管子里的水银就那么动荡着，人们能够清晰地感觉到周围空气的骚动。人们也越来越明白，单靠这几个人是观测不到什么的，必须要众人的力量才可以有效。可是哪里去找这么多朋友呢？还好，有一批热爱科学的人。他们组成了各种研究院、团体等等。名叫"科学实验研究院"的团体就在佛罗伦萨应运而生。这个团体的创始人是托斯加尼公爵，运用的是罗伦索·麦第奇系统。他让秘书把各种规则以及表格寄给各地的朋友们。让他们按照固定的规则，使用同样的仪器，在相同的时刻来测量天气、气温、气压等。于是，众多的人们就开始在巴黎、米兰、佛罗伦萨等地一起对天气进行观测。

其中，每个人都有相同的仪器，包括温度表、气压表、湿度表以及风信标。那时，风信标还不是很准确。于是，每天早上，这群人就在不同的城市做着同样的事情。会看看今天温度怎样，有没有升高，气压怎样，湿度变化没有……

人怎样看见隐形人

然后，把所有观测到的记录下来。通过信件寄给秘书路易格·安丹诺。

我们写信给朋友，也会提一下天气，可是，这些信件中的主角全是天气。人们不仅观测研究，也会试图找出原因。为什么气温会时而高，时而低；为什么气压总是不稳定等等。

人们已经提出了问题，但解决起来并不容易的，不是单靠这一个科学团体就可以的，而要靠地球上千千万万个人。1723 年，英国一本学术杂志里发表了一篇文章。因为拉丁文是科学语言，大家几乎都能看懂，所以全文全是拉丁语。

文章的作者名叫詹姆斯·久林，拥有医师、物理学家以及数学家多重身份。文章命名为"请帖"。这个请帖意在发动世界所有的科学家们每天观测天气的变化，然后记载下来。

这个时候，量雨器也加入了测量天气的行列中。其实，它是所有的仪器里面最简单的，一只水桶就可以叫这个名字。下雨时，把它放在下面，过后进行测量就行了。

在文章里，他很清楚地说明了应该使用的仪器。请帖发出去不久，便得到周围很多人的来信。有欧洲周边的，也有印度和北美的。

当然，俄国也不甘落后，圣彼得堡城中也有邮包寄过去了。俄国在那个时期，也已经使用科学来观察天气。在先进的地方，有关自然的科学当然应该产生。俄国的天气英雄彼得大帝是我们都熟悉的伟大人物，俄国的彼得堡和舰队都是他建造的。他还有一项爱好，就是研究海洋。因为想清清楚楚地知道自己国土的情况，他还亲自测量里海，也曾命令下属对它进行详细调查。

对指南针的重视也是在他的命令下进行的。1725 年，在彼得大帝的召集下，众多的科学家参加了会议。而后，院士们便开始了气象学以及水文学的观测。

之前，俄国也进行过类似的观测活动。979 年，编年史上就有很多相关的记录："雷声怒吼，风十分强劲，有旋风。"在那时的编年史中，出现过很多类似的记录。

17世纪，这项职责就交由克里姆林宫的守卫来担当，轮岗时，就在上面写道：白天温暖，雪在慢慢融化，中午湿润的雪落下，夜间转冷等等。18世纪的时候，人们已经不单单用肉眼观测大自然了。人们几乎每天都要测量涅瓦河的水深，写下河流结冰和开冻的日期。开始，一天观测两次，后来增加一次。佛罗伦萨的酒精温度计是测量工具。这样就有一个问题存在，这只温度计只是佛罗伦萨专属的，在这里就无法正常使用，要重新换一种量度了。于是，彼得堡的院士德里尔就改造了温度计：把沸水的温度标为零度，冰融化的温度则用"–50"表示。这时的温度计已经和现在的差不多了。佛罗伦萨的温度计还存在另一个缺陷，整个的管子不是密闭的，而是活塞塞着的。而且，里面的是酒精。酒精是很容易挥发的，这样测量结果就不准确了。于是，德里尔就拿水银替代了酒精。没过多久，其他地方也开始观测了。莫斯科，刚开始军医勒赫担当该责任，后来别斯德尔接替掌管，他是邮政局的局长。

原属意大利制造的温度计来到了西伯利亚，人们第一次直观地测出了西伯利亚的寒冷。管子中的水银还没有下落，就已经结了冰。人们还不知道水银可以被冻住，所以也不清楚测量的结果是不准确的。

越来越多的观测进行着，越来越多的数据累计着，可是几乎没人预想过那将组成怎样的大厦。科学院中，一个名叫米哈伊尔·瓦西里也维契·罗蒙诺索夫的院士却看到了未来。

他在观测研究的时候，一直在思索一个问题：为什么关于天气的观测进行了那么久，积累了那么多数据，可是进展还是十分缓慢？针对这个问题，他自己回答：是由于观测者使用的工具不尽完备，每个人尽力也不相同，地点也千差万别，所以造成讨论的混乱。可是，即使如此，他还是要相信这些讨论和这些勤奋的测量。他认为，预测天气真的是太难了，可是，勤奋的努

人怎样看见隐形人

▲ 罗蒙诺索夫

力还是可以达到一定的目的的。为了解开谜底，罗蒙诺索夫拼命地工作，甚至不惜牺牲自己的生命做实验。他曾经试图驯服闪电。

也就是在此时，美国的弗兰克林在避雷针的帮助下，捕获了闪电。在听到这个消息之前，罗蒙诺索夫已经和一个伙伴开始研究雷电了。不过，在实验过程中，伙伴利赫曼被雷电击中身亡。

罗蒙诺索夫写信给科学院院长：利赫曼的死是有价值的，它证明，雷电是可以避免的。只要在空地方插上一个高高的有铁的柱子，就可以避免雷击。利赫曼虽然离开了，但他是光荣的……伙伴的离开使他无比心痛，可是更不安的是，他怕一个人的死去会吓退了正在研究的科学家。

对雷雨进行研究的时候，他发现除了风，还有一种上下流动的气流存在。闷热的夏季，这股气流就开始不断骚动，之后就会有雷雨。他自己预感到，如果知道气流的运转轨迹，他将是第一个可以解释天气变化的人。他清楚预测天气的价值所在。所以，他记载道：这件事的价值是"无可比拟"的。在研究气象学的过程中，他说，如果人们掌握了准确的预测方法，就不用去拜神了。

为了更好地预测天气，他提议世界各地建立自动记录数据的气象台。从这点就足以看出他独到长远的目光。那个时候，把自动记录天气台连成一个网络还是有些不可思议的事情。不过，已经有越来越多的观测台在地球上建造起，越来越多的人们在世界各地观测着天气，描述着天气。可是，这并不是一件容易的事情。

天气那么调皮，怎么能够好好配合人们描绘呢？

画幅肖像给 天气

想象一下，如果小人国的人给格列佛画一幅肖像，那么会出现怎样的结果？有的画师画耳朵，有的画眼睛，有的画手，也有的画脚。不过，这个巨人可不是安安静静地等着你画，而是在乱动。

而且画师之间也没有协调商量，他们各画各的，一个人认真细心地画着，另一个人却随随便便画个轮廓，有的用油彩画，有的用水彩画。画师们的这些画作应该交给总画师，由他来拼接。这下可难住了他，他发现格列佛的一只眼睁着，一只眼却是闭着的；一半嘴是笑着的，另一半却是哭着的；耳朵也是，右耳朵好好的，左耳朵却不存在。原来是，负责画左耳朵的画师没上班。

詹姆斯·久林就像是那个总画师，接到世界各地的关于天气的素描。这些观测数据都是来自于不同的情境下。有的是早上七点左右，有的是十点左右的，有的则是晚上的。所以，气温和气压都发生了变化。这样的数据是不能说明问题的。怪不得罗蒙诺索夫说，设备的不完整，地点的不同，测量者的自身问题等等，都会使得到的数据杂乱无章。

与此同时，还有另外一个组织也在进行着这样的实验，而且似乎做得更好。这个组织就是曼海姆气象学会。之所以比较成功，是因为他们借鉴了久林的实验。他们也发给世界的科学家邀请信，一起做观测。不同的是，他们的准则更加精准。他们要求所有的观测者都在同一时间进行观测记录，并且发给他们同样的测量仪器。这样大家得到的数据就容易整理了。

这一次的实验有 39 个测候站参加，其中 3 个在俄国，分别在莫斯科、彼

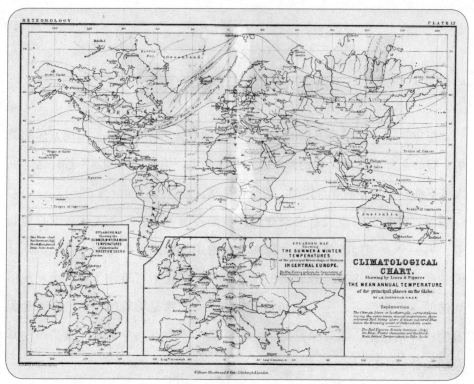

▲ 早期的气压气象图

得堡、乌拉尔。此外，北美洲有两个，格陵兰有一个。于是，他们每年都把各地的数据搜集起来，编成一部厚厚的书，叫"*Ephemerides*"，也就是《天文历书》。

这个词的原意是蜉蝣，指瞬间即逝的事物。但是这并不是这些天气的画像的命运，它们持续了很久。保留住这些刹那，寻求背后的永恒。大自然里，只有它的法则是永恒的。天气是变化的，法则却是永恒的。

第04章

·风和风暴的法则·

如果地球真的是一个平滑的球体，不存在高山、河湖，那么爱尔兰和西伯利亚或许会有相同的气候。不过，地球终究不是地球仪，而是坑坑洼洼的球体。所以，要想知道清楚地球上的气候，就必须认真研究才行。

揭开谜底的另一把钥匙

之前，希腊人已经明白为什么北方寒冷，南方温暖。他们懂得，自然有自然的法则，北方的冷空气是不能到沙漠的。

经过探索，人们明白那和太阳的倾斜度有关，也就是"克利马特"。可是，谜底并不是只有一个锁，要打开它还需要另一把钥匙。过了好久，第二把钥匙终于露出来了。

这个时候，人们不仅仅用眼睛去观察它，而且用仪器进行观测。科学家们对着那些数据不断地进行着研究，希望在里面发现什么规律和法则。

▲ 亚历山大·冯·洪堡

其中，有一个名叫亚历山大·冯·洪堡的学者，他就专注于气温的研究。这些数据是不断变化的，这个时候还是这个数字，一阵风过后就变成了另外的数字。今天的气温和明天的气温也很不同。

他试图从这些数字中得到一个比较恒定的数字。于是，他把一个地方一年的数据全部加起来，然后取了平均值。温度计的其他数据就围绕着这个平均值上下波动。不过，他又发现每年的数据也不同，于是，他又把许多年的数据加在一起取其平均值。

这一次，他算出了好多年代的平均值，他给正在做观测的 58 个测量点都算出了平均值。然后，他拿出一幅地图，在上面标出各个测量地的温度。最后形成两幅地图，一幅是冬季的，一幅属于夏季。又是个新花样，不过，通过这两幅地图，人们似乎看到了一种规律。

作为地理学家的亚历山大·冯·洪堡喜欢把那些高度相同的地方的点连起来。这些连起来的点形成弯弯曲曲的线，就像画像一样清楚。

这一次，他又把温度的点一个个连起来，就成了等温线。开始，希腊人认为，温度是从赤道到两极依次递减。如果真是这样，那么等温线就应该平行于赤道依次分布才是。不过，事实并非如此。他发现，有的地方，线条突起，在离赤道同等距离的地方线条却凹陷。

比如说，在爱尔兰还是春暖花开的时候，位于同样纬度的西伯利亚却是寒风刺骨了。位于同纬度的爱尔兰和西伯利亚太阳的倾斜度完全相同，可是温度却不同。所以，以前认为太阳倾斜度决定气候的看法是完全错误的。把气候叫做"克利马特"也是错误的。

可是，这个名字流传了那么多年，要改是很难的。于是，人们干脆不改，赋予它新的解释。人们终于明白，原来影响气候的不仅是太阳，还有其他的各种因素。

如果地球真的是一个平滑的球体，不存在高山、河湖，那么爱尔兰和西伯利亚或许会有相同的气候。不过，地球终究不是地球仪，而是坑坑洼洼的球体。所以，要想知道清楚地球上的气候，就必须认真研究才行。很多人不了解这一点，但是亚历山大·冯·洪堡却十分清楚。他的足迹早已遍布世界，去过森林，去过山顶……他明白，气候并不是围绕地球的平行圈，即使这些圈把地球上分成了寒带、温带和热带。他知道这些或许根本不是带，同一纬度的草原和森林就是不同的气候，同一纬度的河流和山川也同样气候不同。

亚历山大·冯·洪堡知道这个世界长成什么样，所以，他凭自己丰富的知识和阅历写下了《宇宙》这本书。他深深地明白，要研究地球上的一切，就需要知道这些因素怎样共同影响着气候。

海洋和陆地的游戏

在之前，人们就已经知道一些事情。比如，为什么印度洋会产生季风。人们明白那是陆地和海洋之间的游戏。他们两个是队员，球就是风。游戏内容是这样的。

炎热的夏季，陆地升温很快，热气就蒸腾到了空中。而此时，从海洋上过来的冷气就填补了这个空白。于是，夏季风就产生了。冬天的时候，海洋相对温度较高，热气升腾到空中，而陆地上的冷气就填补了空缺。这即是冬季风。于是，陆地和海洋就这样一年一年地玩着球，永不厌烦。

18世纪的时候，学者赫德利就看出了这一现象。航海家以亲身体验也早已知道，他们利用信风进行航行。北半球就往东北，南半球就往东南。可是，他们并不明白其中的奥秘。

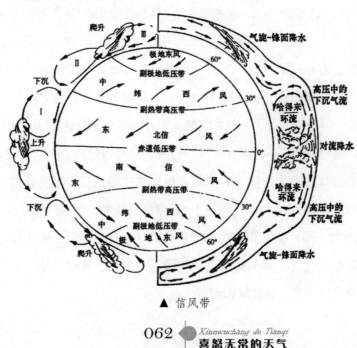

▲ 信风带

赫德利却十分清楚其中的奥妙：热带的热空气受热上升，流向亚热带，在途中变冷下降，重新流回热带。然后在和前面的路线一样循环往复。风就是这样一个循环的过程，从热带到亚热带，亚热带再到热带。人们把这个过程中往下走的风叫做信风，往上的则叫做反信风。它们两个共同形成一个轮子。

　　于是，出现在人们眼前的是一巨大的轮子，它不停地转动，制造了信风、季风等等各种各样的风。此时，人们也越来越明白，太阳、地球、河流、山川都在进行着这个巨大的游戏。那么多的数据和资料呈献给我们一个越来越清晰的自然。

天气的涂鸦

　　亚历山大·冯·洪堡和继承者不断地进行着平均值的计算，准备绘制特殊的地图。他们不是描绘一天的天气，而是夏季和冬季的、七月份和一月份的。为了看清天气，他们需要这么做。

　　一个解剖家在没有明确要描绘哪一个具体的人的时候，他就会先描绘一个普通的人。这普通人无论是身材、眼睛还是手臂都是适中的。这个一般人具备所有人的特征，可是又不是任何一个人。

　　为了描绘一个具体的人，就必须把他所有的特征一一描述。包括不规则的鼻子、脸上的东西以及当时的神情——神情是一种转瞬即逝的东西。

　　从来不会有人先量好多个鼻子的尺寸，然后加起来求平均值，最后再画一个适中的鼻子。研究气候，平均值是个很重要的数值。可是，大自然如此活跃，怎么可能静下来老老实实让你画像呢？那些在世界各地分布的

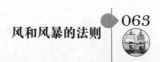

观测者们到底画出了怎样的图画呢？

刚开始的时候，人们只是记录一些数字和标记，没有形成线条。如果，只是在纸上写着一个人有多高、眉毛之间距离多少等信息，你能够很形象地想到这个人的模样吗？所以，无论如何，一定要把那些数字和标记变成线条。

于是人们就开始在地图上用点表示测量站，用箭头指示的方向代替风向。只是，那些仪器测量到的数据该怎么表示呢？于是，人们去请教地理学家。这样，他们把所有气压相同的点连起来，形成线条。

这样就绘制成了一幅很像地形图的地图，在这里，也有高山、谷地，只是高山的高度不是几千米，而是几毫米。因为，气压计中的水银柱使用毫米。在这个地图上，气压高的就是小山，气压低的则是谷地。在这些气压的地图中，最低的和最高的气压都不是固定不变的。它们不停地变化着，经常是由西向东。

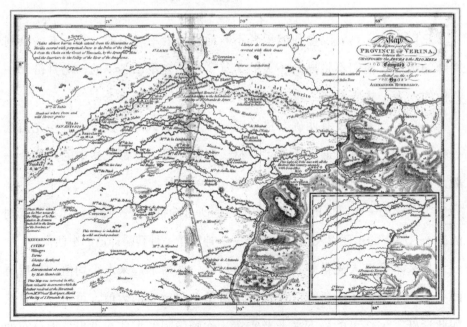

▲ 洪堡尔德的天气观测图

于是，鲜活的天气就出现在人们眼前。人们不是在地球上看见它，就是在地图上看见它。此时人们才明白，天气原来不是老老实实地呆在一个地方，而是总在移动。这样一来，人们就不必在用占星术预测天气，用咖啡残留的渣滓预测了。人们可以用科学的方式知道天气的情况了。

天气在旅途中可能会携带大量"行李"，比如说雾、乌云、雷雨等等。既然如此，我们就可以预测它在什么时候将会到我们面前，会带给我们什么……在行进的过程中，它很可能会丢掉一些东西，也会增加一些东西，这些都是可以预知的。沙漠里，它会拢起沙尘；在海上，它会吸收水汽。

这样想着，道路似乎越来越开阔，可是离成功还差得远。人们对天气的画像还是那么不清晰，天气自己看了恐怕也认不出自己。这种概括的天气图被称为"西诺柏的克"，源自希腊词"西诺柏西斯"。从这张图中可以看到整个地球天气的概况，可以看到各个观测点的各种观测数据。每个观测站有许多的观测仪器。

可是不知道什么原因，在最早的伯兰德斯编著的天气图上却没有看到那么多，只有气压表和风信标，温度计都没有出现。这样会使人产生一种感觉，就是备齐了颜料，却

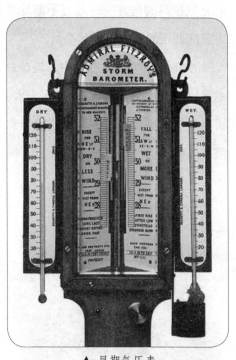

▲ 早期气压表

就仅仅使用了两种。把青色涂在了眼睛上，把红色涂在了嘴唇上。于是，人们看到的就是这样一个天气的肖像，不过，不管怎样，总算是看到了一个轮廓吧。

那些法则

人们曾经认为风是没有法则的，曾经有过"像风一样自由"的说法。可是，伯兰德斯仔细地对比过绘制的地图之后，发现原来风并不是完全自由自在，而是存在一定的法则的。

在天气地图上，有箭头、高山、低谷等各种标志。箭头就是指风，高山就是气压高的地方……通过不断地观察研究，他发现，原来风是从高压的地方流向低压的地方，永远都是。

水在流经河流的过程中，地球总是使它发生偏移。在北半球河流的右岸总是比河流的左岸陡峭。就是因为水流的过程中，由于偏移，右岸不断受冲刷。可是气流却不像水流一样，它是没有岸的。也就是说，在整个的过程中，是没有阻碍者的。可是，由于受力，风就会一直向右偏转。这就是风的运转法则。要看到这些道理，需要极其睿智的眼睛，需要抛却旧有的观念。别人没有做到，而伯兰德斯做到了。这个法则是伯兰德斯在 19 世纪发现的，而接下来弗莱尔和白贝罗相继发现了它。于是，人们就叫这个法则为"白贝罗法则"。

当然，伯兰德斯的贡献不是被所有人遗忘的。德国的一名教授就一直在研究他绘制的图案。认真地看这些

▲ 白贝罗

地图，他发现，所有的箭头好像都围着一个中心转动，形成了好多圈子。于是，陀夫教授不禁想起了一个词——气旋。他开始认为，气旋不仅仅存在于热带，自己的周围也存在。热带，由于地区比较小，所以容易发现。在自己生活的地方，因为地域太大，所以看不清楚。只有缩小了，才能看得到。

不过，只是看到它还是远远不够的。研究它，了解它是接下来要做的工作。它到底是怎么产生的，到底来自哪里？从图中，我们看到了问题，却需要从自然本身寻找答案。

天气的地图也只是自然的反映，况且还是不完备的反映。在它上面，我们仅仅能看到气压值和风信标，而不能看到其他的信息。伯兰德斯在绘制天气地图的时候，就偏偏忘记了气温这个重要的因素。不过，他可能认为气压计就能说明一切了吧。

而陀夫则不仅用气压表，也用气温表来测量。他发现，当冷气流从北方过来的时候，气温表里的水银柱下降，而气压表里的水银柱却上升。

他在日记中记载："一个冬天的早晨，温日里堡的人们想去游玩，于是就到了海拔较低的格拉兹。可是，那里的温度居然更低。他们就想不通了。"不过，这个道理也确实够难想明白的，一般来说都是相反的啊。盆地里人们的冬天总是会来得迟一些。

陀夫果然眼光独特，看到了这条空气的河流怎样从高山滑落到谷地。他仔细研究着这股暖流，发现它携带着历史上罕见的严寒一路南下，到达了意大利维苏威火山，到达了希腊，到达了非洲沙漠，冻死了一批批娇惯的羚羊。

不久，那气温表里的水银柱开始上升，气压表里的则开始下降。风也转变了方向：北风代替了东北风，西北风取代了北风。那神秘的天气轮子已经开始转动。

到底是什么东西改变了风向，是什么使温暖代替了严寒？春天还没有到

▲ 气象云图

来啊。这一现象是因为南方来了一股暖流，携带了南方的温暖。两个同样厉害的角色相遇，将会上演一场剧烈的战争。后来形成的气旋往北行进了，证明暖流获胜了，寒流让步了，战场一直在北移。不久之前，欧洲中部还是战场，现在已经在斯堪的纳维亚了。这是暖流在使劲儿驱赶寒流。人们并没有看到寒流暖流大战，只是看到了天空中云的转变。乌云越压越低，大雪充斥了整个天地，暴风雨肆虐着，拍打着海上的帆船。

陀夫十分兴奋地观察着这场战争，看到暖流怎样打败敌人，称霸欧洲。可是，即使是暖流胜利了，这胜利能持久吗？也许，几天之后，寒流发起反攻，攻占南边的领地呢？这场恶战中，损失不少。船舶上的水手失踪很多。不过，了解了这个规律，以后人们就可以尽量避免和它硬碰硬了。

可是，不是所有的人都独具慧眼。陀夫的书出版后，很多人攻击它，认为书中的解释不详细、不清楚。不过，除了这些，也有一些志同道合的人在支持他。只是，这些人并不在他的国家，而是在俄国。

先进的俄国气象学家

19 世纪中叶的时候，俄国整个国家只有 7 个测候站，20 年的时间，一下子发展到了 27 个。观测者有科学家，也有其他职业的人。比如说，中学老师、科学院的院士、神父、县长或药房助手……这么多非专业人士的观测难怪有些杂乱无章了。这个时候，罗蒙诺索夫就建议建立一个完整的观测体系。

卡拉辛就是这样的人，他是哈科夫大学的创立者。他非常聪明勤奋，他坚信人们可以认识自然，并且能够好好地驾驭它。1810 年，他在首都自然科学研究协会发表演讲。主要内容是呼吁应该在整个俄罗斯，从里巴到尼日涅·科雷姆斯克，从科拉半岛到梯夫里斯创办更多的气象台。这些气象台应该统一

▶ 瓦西里也夫岛
上的观测所

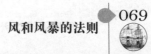

按照一个完整的计划进行工作。

卡拉辛认为，只要俄国率先这样做，世界各地的人们也会仿效，世界各地就可以组成一个有计划的观测体系。20年后，科学院的一名勤勉的院士库柏费尔担任起这项任务的建设。他走遍整个俄国，在很多工厂都建造了气象台，一个附属矿业研究所的模范气象台在彼得堡诞生。这些在他看来还远远不够，他还想建造一个统管其他气象台的中央自然观测所。

这可是个大工程，要耗费很多钱。所以，官员们都竭力反对：他们一点也不了解其中的意义。于是，库柏费尔就使劲提出建议，想让官员们同意。这时候，幸好有了一个支持者——亚历山大·冯·洪堡。他刚刚从西伯利亚归来，就到了彼得堡科学院。他对额尔齐斯河以及亚马逊河十分感兴趣。他拿着自己的工具到过许多地方，南美、额尔河畔等等。他不愿总是呆在欧洲，他想亲自看看世界各地的山川河流，乌拉尔山、阿尔泰山脉等等。相见后，库柏费尔就把自己的计划告诉他，亚历山大·冯·洪堡果真很感兴趣。

1849年，当英国开始建造中央自然观测所的时候，遥远的彼得堡里，观测所早已工作了好多年。

这件事，法国巴黎的一则报纸中也有记载：我们竟然不知道，俄国已经早已建造了中央气象观测所，而这个时候的欧洲，还没有一所气象观测所。

这座伟大的观测所建在离矿业研究所很近的地方，在瓦西里也夫岛上。到现在，它还在静静地工作着。它搜集来自国家各地的五十五座观测所的信息，库柏费尔的夙愿终于实现了。

库柏费尔是一个伟大的气象学家，另一个教授也同样伟大，那就是斯巴斯基。和陀夫一样，他也是个风暴和暴风雪的研究者。在著作《莫斯科气候》中，他写到了极地的寒流遭遇热带暖流时的场景。他观察到，这场战争可能会持续很久。

▶ 罗蒙诺索夫访
问凯瑟琳二世

　　在很长一段时间里，双方根本不分上下，旗鼓相当。有的时候偏向一方，有的时候则相反。天气就这样随着它们的交战有时晴，有时阴，有时雨，有时雪。即使是在温暖的春天也有可能会降雪。而有的时候又正好相反，这就要看哪股气流厉害了。在他的描述中，两股气流就好像两个军队。哪方战胜，哪方就会在地盘上称王称霸。

　　1850 年，他和陀夫都在观察着一场从瑞典到的黎玻里间的气流大战。12月刚刚开始的时候，寒冷的空气控制着大局。6 日的时候，赤道的暖气流已经开始到达。

　　斯巴斯基记述着：

　　　　寒气流在暖气流的驱赶下，败下阵来。可是，没过多久，大概三天后，

 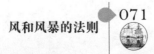

它又重新占领了地盘。于是，北风又开始了。一个温暖的天气，突然就刮起了风，下起了雪。那么多的人迷失在风雪中，有的人冻死了，有的人失踪了。总之，这次损失惨重。

斯巴斯基当然知道这次灾害的由来。他写着："这场风雪就来源于两股不同气流的战争，陀夫先生早已说过。可是，还是有那么多的人不相信，继续反驳。"

▲ 风暴

斯巴斯基比陀夫研究得更加深远，他提出，要想解释天气的变化，就一定要研究好大气整体的运动。

于是，陀夫先生在莫斯科有了一个同盟者。海军少尉柏维尔·摩尔多文把他的作品《风暴法则》也翻译成了俄文。也对，也只有水手对风暴的活动比较感兴趣。

关于 航 海

　　我们生活的这个时期，对天气感兴趣的往往是飞行人员。可是以前，航海的人们对它是很感兴趣的。逆风来的时候，水手们经常诅咒——当然，现在的飞行员也经常会诅咒坏天气。

　　水手们根据能扯起帆的数量来给风的大小打分，就像批改作业一样。帆完全不动的时候，就是无风，得分就是零；一分说明风很小，只是轻微地吹着；

▲ 航海

两分就稍微大点了，这时，帆船行驶速度大约是两海里每小时；五分的时候，就不会以船行驶的速度来给分，而是要根据船帆的多少给分了，五分的时候，扯起最高帆的船可以稳稳前行；九分时，船长就会指挥把每一个船帆系紧；十一分的时候，就有些紧急了，这时必须扯起特殊的支索帆了；十二分就是我们常说的飓风级别，这个时候，不能够扯起任何帆。本来应该是给一分，却得了最高分。

　　海军大将蒲福在定这些分数标准的时候一定认为，水手们只能乘坐这样的帆船。不过，那时火轮船已经出现，开始和轮船竞争。如果蒲福多活一百年，那他一定不会认得那时的海。他将看到形形色色的先进船代替了原来的二樯船、三樯的海防舰等等。机器驱动的轮船也替代了帆船。更令他吃惊的是，自己编织的分数单也面目全非。它还是十二个等级，可是已经从海上转移到陆地上了。

　　现在给风打分并不是看它把船帆吹得怎样，而是要看它在陆地上的表现。看它是不是吹动了树枝，是不是吹翻了屋顶等等。不过，这都是之后的事情。19世纪中叶，蒲福的分数表在海上还是适用的。

　　气象学家中有很多也是航海家，他们不仅研究空气，还研究海洋。这个时候，也正是对海洋的研究进行很快的时候，各个地方的人们都在竞争着。这个时候也涌现出一批杰出的人物，比如克鲁森西德尔伦、科才蒲、里香斯基、别林所孙等等。这些人曾

▲ 费次洛

经走过大洋的各个地方，对海洋有研究的人都应该知道他们的大名。

1803 年至 1805 年，里香斯基和克鲁森西德尔伦坐了"涅瓦"和"那结日达"两艘船周游世界。海洋学的前几章有关于此的记录。1819 年至 1821 年，海军大尉拉扎莱夫和船长别林索孙坐了"米尔内"号和"伏斯多克"号实现环游。南极研究以此为开端。地图上，在离南极不远处，我们可以看到两个小岛，这些就是俄国航海家们发现的。

商船们跟在学术研究的后面，进行着各种的海上贸易。有的卖工业制成品，有的则卖一些原料。如果把商船比作手的话，那么就是这只手把这边柜台上的货物搬到那一个柜台上面。不过，这个柜台可不是那么结实，风暴的影响还是很大的。

为了减少损失，就应该清楚风和水的运行规律。根据经验，人们明白水和风的研究是不可分割的。风制造了海浪，风追逐着水。陆地、空气、水这些因素是不可分割，相辅相成的。人们一定要研究这个神奇的生活。

这个时候，人们已经普遍认为，水由海里到陆地不是经由地面，而是经由空中。不过，再回到海里的时候，就是有的从空中，有的从地面流去了。

18 世纪，一个叫马略特的法国物理学家就证明了江河是雨水养活的。经常下雨的时候，江河的水就会多。不降水的时候就会干旱。后来，叫哈莱的英国人也为地中海算了一笔账。结果发现，海洋中蒸发的水分刚好等于江河中注入海洋的水分。

陆地上和海洋里水流经的路径都已经被人们研究过了。人们对海洋里的水有很深的研究。测量它的温度、密度以及含盐量。早在很久之前，人们就已经想接触海洋底部。麦哲伦就想做这件事，不过还是没有成功。300 年后的 19 世纪初期，别林索孙也有这种想法，可是也没成功。海洋好像深不可测似的。

不过，海洋总是有底的。话虽如此，还是没办法测量到。人们把系着重物的绳子投进海洋进行测量。随着深度的增加，绳子也变粗。以防止绳子被自己的重量坠毁。可是，投进去的绳子还是不能碰到底。即使真的能找到一条很粗很粗的绳子，那也没什么用处。绳子太粗，以至于人们也不知道到底有没有触碰到海底。那么，当务之急就是发明一种新的测量仪器——测深器。

曾经乘坐过"普列德柏里提号"帆船的俄国人伦次倒是发明过这种仪器，可是并没有被人们记住。后来，一个名叫汤姆的英国人发明了它。

测深器是件十分复杂的仪器。到达海底的时候，它自己就停下来了，而且上面会自动显示深度。测深器用的不是绳子而是钢丝。于是，人们就学会了探测海的深度。

不过，人们并没有因此而满足，他们还再继续研究水的流向和盐度。伦次用自己发明的测深器来观测海水，发现赤道附近的海水无论是海水的密度还是盐分含量都小于亚热带附近。

水手们对风以及水流是最感兴趣的，因为这些决定着他们的航向。以前，海面上还很少有轮船，大多还是依靠风力和水流的帆船。帆船顺利出行就必须记得风向和水的流向。可是，这么繁复的东西大概只有十分有经验的水手才会记得。于是，科学家们就开始绘出一种特殊的地图帮助水手们。这些标注好风向和水流流向的地图为航行节省了三分之一到四分之一的航程。

海上，时间是极其珍贵的，也就是所谓的"一寸光阴，一寸金"。英国贸易公司的一名会计曾经计算过，在海上多停留一昼夜，就会有二百英镑的损失。这样，谁喜欢在海上损失钱呢？

一位气象学家

英国商业代表会成立气象局后，航海家罗伯特·菲茨罗伊被聘请过来做负责人。

如果看过达尔文的《猎犬号旅行记》，那么一定会记得这个人。就是那个肚量很大，但是性情很暴躁、爱幻想的海军少将。他和达尔文经常争吵，不过却不影响他们之间的友谊。两人志同道合，都十分喜欢大自然，研究大自然。罗伯特·菲茨罗伊的个性在这本书中倒不是重点，天气才是主角。不过，对于他，科学的命运和人的命运是息息相关的，分也分不开。

菲茨罗伊在陆地上出现，在气象局停顿，成了"气象学统计员"。不过，他本人可能并不喜欢这个称号。他和助手们的主要任务就是每天搜集关于天气的数据，然后进行对比。整天坐在房子里无聊地打算盘，跟这些数据作伴，对于一个航海家来说实在无聊。哪有看到大海兴奋啊。可是，即使在这里，他也没有忘记关于海的一切。他把气压计分发到海上的轮船和沿海的各个城市乡村中。于是，在船上，水手们可以观测到天气。一些有关气温、气压、风向、水流、盐度的数据都被记录下来。

这些数据就被汇总到气象局。不过，最使菲茨罗伊高兴的却是气压计成了每个水手接受并喜欢的东西。当气压计说"当心"的时候，船就会推迟出行的日期。

然而，他并没有就此满足。他非常相信气象学的力量，他相信只要好好研究就能和自然作斗争。他说："我们所知道的知识虽然不可以消除风暴，却可以预见并征服它。"

在他之前的很多科学家只是对着地图研究着以前的天气，可是菲茨罗伊却能够知道今天的天气，甚至能够预知明天的天气。

他从那些原有的天气数据记录中看出了端倪，认为这些数据足以预测以后的天气。人们不应该再受天气的摆布，而应该站起来征服它了。风浪再也不应该掀翻船只了。当天气一览表摆在他面前的时候，他看到的不是一点地方，而是整个欧洲和整个大西洋。他觉得自己比一只飞鸟看到的还要多很多，也是，哪有飞鸟飞得那么高看得那么远呢？

菲茨罗伊准备了两支铅笔，红色的就来描绘热带的暖气流，蓝色的则用来描述来自北方的冷气流。于是，地图上充满了红色和蓝色的长舌，它们不断地蔓延着。一会儿出现在这边，一会儿又出现在那里。两者相遇的时候，一个就会抱着另一个，转到它背后去，这就是我们所说的气旋。气旋可不是静止的，也是在陆地上走着的。所有的空气都在走，它从西向东走，气旋也就跟着一块儿走。不过，它前进的速度并不是很快，也就八九千米每小时。

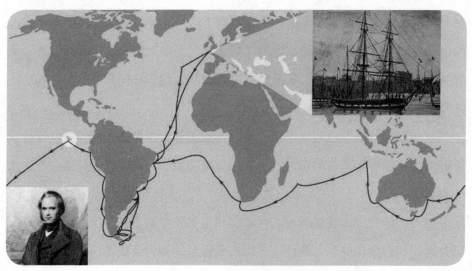

▲ "小猎犬"号的航海图

菲茨罗伊又有了一个想法，既然我们知道风暴的运行速度，那么为什么人们不能预测一下然后警告船只呢？为什么不能在前一天就开始预测天气呢？当然，这只靠那些以前的天气一览图是不行的，要知道明天的天气就必须知道世界各地的天气。需要有一个比风的速度更快的信差才可以。好在，在那个时候，符合条件的信差似乎已经存在了。那就是电报，发明者是俄国的科学家希林格。

在那时候，科学家已经试着在报纸上登载一些用电报发来的天气信息。在法国，当出名的巴拉克拉瓦风暴覆没了一批船后，成立了利用电报的天气研究机构。每一天都会有 13 个来自各地的电报打到这里，负责整合信息的是天文学家拉维里埃，他把这些信息制成天气图。

菲茨罗伊也不甘落后，也运用了电报。每一天的上午，电报生都要把大不列颠各地送来的 22 封电报送到国会的办公厅去。晚上还会有来自英国的五封电报和来自西班牙、法国等地的外国电报。

有的时候，很有学问的人都看不明白的电报，菲茨罗伊以及助手巴宾顿却能看得懂。只是懂英文是看不懂这些电报的，天气有自己特殊的语言：F 代表风力，B 代表气压，W 代表风向等等。字母和数字组成了电报的内容。

电报一到，菲茨罗伊就开始汇总信息，制作一览图。如果图表显示风暴来了，他就会往各海港发布电报。这个时候，电报预测的已经不是现在的天气了，而是明天甚至以后的天气。各个港口的船上、旗杆上都出现了许多三角和方块儿，这就预示着风暴要来了。

航海家必须记清楚这些符号的含义，尖朝下的三角说明风暴由南方而来，朝上的则说明从北方而来。如果是方块儿的则说明有风暴接连着过来。最糟糕的则是方块儿和三角形在一起的，这种天气是十分复杂的。

有的时候，电报在夜里才到达，测候站或港口的人就会立刻点燃火把，

▲ 描述小猎犬号的水彩画

绝不会拖到第二天。有时是三角，有时是方块儿，就是用这样的方式，"猎犬号"以前的主人在伦敦的办公室中为海上航行的船只传递着信息。没过多久，除了海上的人员，其他的人也开始知道菲茨罗伊这个人。后来，在伦敦的八种不同的报纸上登载了关于天气的解说，解说的后面是未来两天的天气预报。不过，它还是非常谦虚地说是"也许会发生的事"。那天之后，这种天气预报便总是出现在报纸上，预测未来的天气。有些目光短浅的人嘲讽他，有些人则十分维护他。维护者说，他关于风暴的预测已经救了好多船。

这些天气预测给了人们一个打赌的机会，人们打赌看每一次的预言是否真的实现。一些对天气一点也不关心的人也加入了关心的行列。人们以前也经常谈论天气，可是，此时天气却成了人们发泄的对象。菲茨罗伊预言实现的时候，大家都不说话。但是，不准确的时候却会遭到众人的唾骂。

那个时期，人们对这个海军少将可是骂得够厉害的，叫他骗子、卖膏药的。尤其是一场大雨阻碍了人们周末的娱乐活动时。无论那些支持他的人怎样解释，人们都不会有半点理解。他们不会想那些被救的船只，而只是想着自己受阻的娱乐。以前这样的时候，天气是被骂的对象，现在菲茨罗伊取代了天气的位置。

有些人认为应该把这些骂声传到菲茨罗伊的耳朵里，可是脾气暴躁的菲茨罗伊根本无法接受这些。最让他难以接受的是，对他指责的不仅仅是大众，还有很多科学家，那些科学家嘲讽地说：现在的科学还不足以预测未来的天气，菲茨罗伊简直是在胡闹。

不过，起决定性作用的不是那些科学家，而是那些为科学实验付钱的政治家和企业家。他们也有自己的意见。他们认为，船长们和渔人们傻傻地等待着不一定会来的风暴也不是个办法。那些已经知道天气预报带来的好处的船主们认为建立风暴预警是可行的，但是在报纸上登天气预报就可以免了。于是，多方压力压在菲茨罗伊身上，知道当时的情形以及菲茨罗伊本人的性情的人大概会猜到这次的结果是不祥的。

不出所料，第一个问题来了。商会的代表们给国会秘书去了一封信，让他回答两个问题。第一，现在的科学是不是真的达到了可以预测天气的程度？第二，把经费用来搜集各个地方的天气信息的价值会不会高于天气预警？

商会代表马上就征集了各个港口负责人的意见：风暴预警的价值到底有多大？

现在，菲茨罗伊是动弹不得，他的命运系在那些负责人的身上了。开始的时候，事情还算顺利。各港口负责人一共去了49封信，只有3封是持否定态度。国会秘书也给商会1封信：

得到菲茨罗伊的答复，国会很满意。他是有了新的任务，可是，对

以前的研究也没有放下。现在，对于他这个职务已经做得很好了。所以，他可以有足够的精力去研究和天气有关的搜集好的资料了。

在风暴预警方面，国会的答复还算善意、小心。不过，对于每天都有的天气预报，它却不让自己担负任何责任，找了个理由拒绝回答。这么圆滑的回答到底是什么意思？主要的意思就是菲茨罗伊应该花费心思在政府委任的项目上去，也只有这些项目才会给予投资。政府客客气气地暗示菲茨罗伊，他只是一个统计员，绝非什么天气预言家。

菲茨罗伊还是坚持自己的观点，不断地论证，科学是为了给人类造福，而不是仅仅搜集资料。"打一个比方，就像盖房子一样。搬石头、搬砖是盖房子的必要前提，可是，如果不想着自己要盖什么样的房子，那么房子也很难盖好。"这样一来，菲茨罗伊相当于又去"搬石头"了，尽管他已经看到了耸立的高楼。

这下，他就只剩下一条路了，那就是直接受到天气预警好处的人们的呼唤。他把天气预警只是教授给渔人、水手、守灯人……这些人虽然没什么学问，可是他们在实践中，而不是坐在办公室不出门的人。让这些和天气亲密接触的人来决定是不是应该使用天气预警。他们最清楚什么有利：是通过预警挽救船只重要还是简单的统计受难的船只重要？于是，他开始写一本有关天气的书。他以极大的热情投入到这件事情中，他想告诉人们自己所看到的一切。

此时，几乎所有人都应该明白科学和自然斗争的时候已经取得很大的胜利。已经可以想象得到天气的样子，已经可以看得见各种气流的斗争，已经能在这些斗争中看到风暴以及气旋。气象学家根据这些气流的进退走向已经能够预测出未来天气，警告船只灾难要来了。

菲茨罗伊在所著的书里介绍了关于天气预测的种种方法技巧。他不是一个传说中的预言者，而是根据科学的规律得出的结论。当然，有的时候也会出错，只是那不是自然规律的错误，而是人们还不能完全了解它的原因。菲茨罗伊心里明白，他的观点还不完备，可是整体的路线是没错的。天气是可以预测的，甚至是可以精准算出来的，如果自己不能成功，他也盼望着其他人可以在这条路上走下去。

现在我们已经知道，他的愿望达成了。现在的天气预报已经比较准确了，而且证据充足，国会再怎么无视也无所谓了。如果真要证据的话，那么看看那些造船厂老板以及船主的帐篷就全都懂了。船主们每天都在赚钱，而那些造船厂主却在亏损，因为船只都保护得好好的，根本没人再去买船了。

菲茨罗伊在书的最后还附带了往来于国会和商会之间的信件。这些都让读者们自己下结论吧。就这样，这本书出版了。许许多多的人看到它，讨论着它。可是，人们不知道的是，这本书却是菲茨罗伊的绝笔。

▲ 小猎犬号

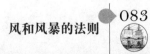

为什么会这样呢？看看《大英百科全书》就明白了，找到有关"菲茨罗伊"那一页。内容是：他在气象局的日子里，容易受刺激的精神过度地被耗费——在麦哲伦海峡担任职务的时候，工作又危险又耗时很长，那个时候，他的精神状况就不是很好了。在他生命最后的日子里，因工作过度操劳，终于爆发了病症。可是，他却不接受休息，最终因为无法承受而自杀身亡……他选择用剃须刀结束自己的生命。也是，一个明明已经看到前方世界的人，怎么能够忍受继续做搜集资料这样毫无意义的事情呢？

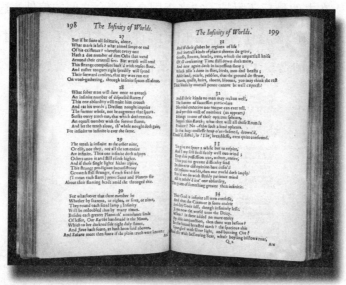

▲ 大英百科全书

第05章

·三个世界·

和自然的斗争从来都是全人类的事情，而不是一个人，或者说是一个国家的事情。只有全人类才有可能和自然抗衡，一个人的力量太渺小。一个人目光所及太有限，就算能看到一些东西，也是在前人的基础上看到的。

目光所及

菲茨罗伊自杀了，这下那些反对者该高兴了。从此，报纸上再也不会刊登天气预报的信息了。可是，他们高兴得太早了。菲茨罗伊没有完成的事情，自有人继续进行。

因为和自然的斗争从来都是全人类的事情，而不是一个人，或者说是一个国家的事情。只有全人类才有可能和自然抗衡，一个人的力量太渺小。一个人目光所及太有限，就算能看到一些东西，也是在前人的基础上看到的。

为什么亚历山大·冯·洪堡和罗蒙诺索夫就看到了地球的全貌？为什么菲茨罗伊他们就能够看清气流的运动呢？因为他们不只是用自己的眼睛看地球，而是用世界各地的千万双眼睛看地球。他们把人们所有的经验都变成了自己的经验。毕竟一个人的力量是有限的，而大家的力量则是无限的。

多年来，很多的人都在研究地球，包括陆地、江河湖海以及天空。人们从不同的角度观察地球，并记录下种种数据，形成珍贵的资料。这些珍贵的资料经过汇总到达罗蒙诺索夫他们手中，碎片化的信息瞬间在他们的脑海中组成一个完整的体系。亚历山大·依万诺维契·沃叶科夫时代正是事实以及数据搜集盛行的时期。其实，资料已经搜集得差不多了，该通过总结这些资料得出结论的时候了。不过，没有几个人懂得这个道理。就连很有威望的气象学家也说："别在那里空发议论，还是拿出点事实吧。"

那些气象学家就在屋子里不停地抄写各种数据，通过一些数据用各种方式再算出其他的数据。可是，这些都对天气预测毫无意义。人们应该懂得天气怎样，而不是去看什么数据。

亚历山大·冯·洪堡也像他们这么做过，不过，那些数据都是服务于他，而不是控制他。现在，数据倒成了人的主人。科学家们只顾埋首数据，不再发表见解了。他们的观念里，活生生的天气变成了冷冰冰的数据。

不过，并非所有的科学家都是这样，也有一些科学家从数据中抽离出来，得出结论。1872 年，俄国成立天气局，也设立了风暴预警部。我们都知道航海家是最需要风暴预警的，于是，这个部门就委托海军军官负责。

刚开始的时候，处境十分艰难。经费每年只有 500 卢布，全国只有不到 30 个测候站发来观测数据。这还不算，最令人头疼的是那个叫维德的观测所领导。他是个坚定的反对气象预警者。他这个人十分勤奋刻苦，也十分热心，曾经改良过很多仪器。他造出的风信标也流传久远。可是，就是这么一个人也和很多人一样反对预测天气。他让手下认认真真地记录下每天的天气数据。可是，一看到谁的记录里出现天气预测的文字就会很生气。有骨气的人就会选择离开他的研究所，去别的地方继续自己的研究。不过，这些人必须面对意想不到的困难，还好他们都坚持着。俄国的克朋、伯劳诺夫、累卡涅夫等人都在坚持着研究风雪、暴雨以及早霜的成因。他们就这样为了真理不屈地坚持着。

那时，俄国最有名的科学家是沃叶科夫。他是坚持自己信念、总结结论的人。他十分喜爱大自然，也喜欢研究它。他认为，所有的数据都应该服务于理论，发现自然的法则才是主要目的。这样一来，他就注定要成为维德的敌人。所以，他只有在地理学会暂时立足。他是个十分精干的旅行家和地理学家，足迹遍布西伯利亚、西欧、美国、亚洲，一直走到日本。当他行走在亚马逊河畔或墨西哥草原的时候，他的心里不只有 7 月或 1 月的温度，而是在思考着很多事物之间的联系。

他走遍了世界的各个角落，看到了南极的冰冠。陆地的冰川就那样流向

海洋里，冰直愣愣地砸到海洋中，带着飘飞的寒气，漂在水中。它们在水中慢慢融化，而水却因此变冷了。随着水流，这些南极的冰山越飘越远，终于脱离了南极。而制造雪的云也在南极上空工作着，降雪落到陆地上，形成新的冰川。循环中，这些冰川又会回到海里，成为漂浮的冰山，重新为温热的海水降温。自然界的很多事物都是一个循环，一环接一环。

▲ 冰山

沃叶科夫把目光聚焦在了北半球上。他思考着，北半球大部分都是陆地，冬季到来时，到处都是白雪皑皑。春夏季节这些冰雪却消融了。那么是什么消融了这些冰雪呢？难道是日光？可是，仅靠日光恐怕不行吧。冰雪可是会反光的啊，我们就经常被反光刺到眼。消融雪的先锋并不是日光，而是那暖湿的气流，来自南方或是从已经融化掉雪的地方来的气流。温暖的气流就这样温柔地抚摸着大地，雪在它的抚摸下开始消融。不过，雪一边消融一边又结上了冰。所以，地球开始"晶莹剔透"。这个时候，日光也开始发挥自己的作用了。从地表蒸腾起的空气变得湿润了，阻止了冰雪对日光的反射。这个时候，如果还有雨的加入，那么冰雪就更容易消融了。风、雨、太阳以及来自南方的尘埃都在为冰雪消融奋斗着。尘埃落到白雪上，使它丧失了原来反光的白色，也就更容易消融。这样一来，地面上的泥水就越来越多。不过，在太阳的照射下，水分也在不断地蒸发。夹在这么多的敌人中间，雪也在奋力挣扎。

这些都被沃叶科夫看在眼里，他明白春天的舞台上上演着怎样的斗争。他更明白，人类观察到这些的意义。因为，这些斗争和人类息息相关。

如果哪年冬天雪特别多，就可以预测到春季的时候很有可能会有洪灾。春季的时候，来自南方或海上的暖气流到来，并不能够使气温变暖，而是用在消融雪上了。北方的夏季会稍微凉些，是因为暖气流在很长时间都在消融冰雪。也就是说，在春季到来之前，只用通过测量冬季积雪的厚度就可以预知春季的水量。沃叶科夫已经不止一次提过这样的建议，不过实施起来却是耗费很大。只是，相对于灾难的损失，也是非常值得实施的。沃叶科夫的个人力量总是渺小的，他的提议直到今天才得以实施。人们才开始预测春汛。

沃叶科夫在自己的书中曾经不高兴地写道：

　　　　1870 年，在地理学会中，我曾经提出测量雪的厚度的建议。但是很多人由于眼光不长远而持反对意见，我的建议一点影响都没有。这些措施也就没有得到实行。

这件事只是沃叶科夫先知先觉的一个例子，他还是为海算收支账的第一人。他以里海为例，算了算有多少雨水和江河的水流进去，又有多少支付给了空气。由于当时的资料还比较少，算起来还是非常困难的。可是，沃叶科

夫还是克服了重重困难算出来了。而且数字和现在计算的相差不大。

他深知江河湖泊对于国家的意义。他曾粗略地计算着，把卡拉——波加兹湾隔离里海，该地区的气候会发生什么变化。他隐约感觉到其实气候是可以改变，并不像想象中的那么固定。观察一下湖泊就会明白这个道理。如果活水湖逐渐变成死水湖，最终变成干旱的盆地，那么这个区域的气候就会变得比以前干燥。如果是死水湖变成了活水湖，那么气候就会变得相对湿润。沃叶科夫就这样津津有味地观察着自然的一举一动，认真地研究着它的法则。

▲ 里海

世界上有那么多的河流流向大海，有的大，有的小，有的深，有的浅，有的温和，有的暴躁。要找到其中的法则可真不容易。只要找到这个神秘的法则就可以预测河流的流动规律，就能够更好地控制它们。

有人说，海是河的母亲。这句话自有道理：海里的水供给了河流。可是，母亲也有偏心的时候，有的河获得的水就多，而有的就少。有些地方离海洋非常远，水流不到，所以，得到的水就比较少。所以，气候也是影响河流流量的重要因素。

沃叶科夫记录着："气候影响着河流流量。"他研究了很多河流，发现可以按照河流内部的相似分类。由于气候是影响它的重要原因，所以，可以以气候为标准进行分类。

第一排就是严寒地区的河流，一般位于北方。这些地区的河流靠平地上的融雪供给。第二排则是那些以山里的融雪为来源的河流。比如说印度斯河以及俄国的锡尔河、阿姆河，还有就是热带地区的河，这些河流的水量主要来源于天上的降水。由于季风多在夏季来，所以这些河流的泛滥期一般是在夏季。俄国有很多河流就像牛犊吃母牛奶，春季的时候，靠冰雪融水补给；夏季的时候又有降水补给。按照这样的顺序，河流排起了队。热带的河流就排在首位，而最后的则是沙漠里的一些河流。有些地区甚至都没有河流，因为那里几乎不下雨。

从一个地区的河流就可以看出该地区的气候状况是湿润还是干燥。掌握了这些还是不够的，看河流也要有技巧。地底下也是河流水的来源，雨水渗透得越深，也就越不容易进入河流。以中国为例，干燥季节的第一场雨一般来说不会直接流入河流，而是渗入地底；雨水十分充裕的时候，才有可能补给河流。

也有些河流不只是由一种气候决定的，而是受多种气候的影响。有些支流是从草原取水，有些则是从森林里获得水源。这种河流反映了很大一片地区的气候状况。而有的河流则反映一个小地区的气候特征。

沃叶科夫把这大大小小的河流湖泊整整齐齐地排成一队。自然中没什么是偶然的，都是在按照自己的法则进行的。无论是河流、气候，还是空气和地面，

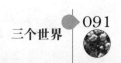

▲ 棉花

所有的一切都是相联系的。这个巨大的舞台上演绎着壮观的场景，人们不得不重视。

在这场演出中，人们也充当了角色。人们在江河上造桥，在海上乘轮船，在海底乘潜水艇，把飞机送入空中……人们穿越过海洋，越过高山，把植物的种植变得无地域限制。伊斯坦布尔的棉花是从埃及或美国移植过来的，新西兰的凤尾草正在遭受着欧洲的紫苜蓿的排挤。茶树和柠檬树也能够在温暖的乔治亚黑海岸上出现。

人们不断地努力，总想改变自然，可是自然却不是那么容易屈服的。春汛会毁坏河堤、桥梁，早霜会摧毁庄稼，风暴会打得飞机翻不过身来。面对这么多袭击，人们要加倍小心，要好好研究自然才能更好驾驭它。和海经常打交道的人要清楚海的脾气，和运河、堤坝经常接触的人已经明白水在地下或在地上的运行状况，也应该明白改造后的江河会有有什么样的影响。经常在空中飞行的人应该清楚他置身于怎样的世界。

为了更好地利用自然，这些人都会求助于气象学家，咨询有关自然的秘密。

头顶的天空

  1000 年来，除了一些例外，人们都是在一个二度空间里生存，至于第三度空间，也就是深不可及的海洋和高不可攀的天空，都是人们无法企及的。人们通过努力，在陆地上打了胜仗，可是，总是觉得空间太小，有点不甘心。他们就总是想着往上看。

  往上发展的过程是这样的：1783 年是值得纪念的一年，这一天，一只氢气球飞上了天空，开辟了航空史上的新纪元。这次航行的主人公名叫查理，带着他的助手——气温表和气压表。

  之前，就有很多人拿着这两种仪器在山上测量，可是，飞到空中还算是头一遭。人们终于摆脱了地面，来到了空中，和天气进行近距离接触了。人们再也不用胡乱猜测天气的模样了。利用手中的测量仪就可以知道，越往高处气压和气温越低。

  1802 年，亚历山大·冯·洪堡也飞到了空中 6 千米处。出发的时候，他带了很多冬天穿的厚厚的衣服。他认为，就算是陆地上是夏季，上面也会很寒冷。这温度就像是在北极一样，不过却没有去北极那么耗时，只是几个小时就到了。

  亚历山大·冯·洪堡回来的时候，记录了一连串的数据，说明了气温和气压的变化。在这以后，还有许许多多的科学家飞上了天空，他们搜集了各种数据，研究了各种事物，包括空气的成分。可是，最大的发现还是在风上。没离开地面几千米，风就发生了很大的变化。看气压表显示就会发现越往上，空气越稀薄。其实，只是凭感觉就知道了。在空中，明显能感到空气的稀薄，

▲ 热气球

氧气的缺乏。到 7 千米的时候，已经是极限了。

只是，人们总是喜欢挑战极限。1863 年，一个名叫格拉谢的气象学家和一个名叫康苏爱尔的飞行家经过训练之后，开始了挑战。他们不断地增加飞行的高度，终于到达了 7000 米的位置。他们不断地把沙袋扔下去，不断地往上升。到达 8840 米的时候，格拉谢已经毫无知觉，康苏爱尔也没力气操纵气球了。就这样，不管如何失败，他们依旧继续。

人们也会思考，为什么不能到达那样的高度？是缺乏氧气的原因吗？于是，1874 年，又有两个人带了氧气袋挑战去了，一个是西维尔，一个是克罗基·斯宾涅里。就这样，当高度到达 7300 米的时候，他们还保持呼吸顺畅。

面对重重困难，人们还是不断进行着实验。有的时候，装氧气的袋子破了，人们就很有可能在空中丧生。可是，什么都没阻止人们前进的脚步。在众多的勇士中，有个名叫门得里也夫的俄国科学家。他十分懂得研究上层大气的益处，由于他的氢气球只能容下一人，所以他就独自飞到空中。谁料半空中出了故障，不过他倒是十分镇定。检查之后，奇迹般地使气球顺利降落。他预言：不久的将来，气球就会像气压表一样成为人们研究天气的工具。事实证明，他的预言实现了。气球在不断地攀升着高度，帮助人们研究着自然。

在空中想要增加一点高度都是十分困难的，气压低得使人受不了。像中耳里或前额里这些地方的气压都是与地球上没什么区别的，可是别的地方的气压却发生了变化。在那里，人们疼痛难忍。可是，无论多么困难，人们都一直走在前进的路上。如果自己无法到达，就利用先进的仪器。于是，人们就发明了一种叫做"自记计"的工具，这种仪器即使是用很小的氢气球也能把它送上空中。通过仪器的眼睛看到真相，再讲给我们听也不错。于是，搭载着飞机、风筝或是气球的仪器越飞越高，在那里帮我们记录着空中的一切。

▲ 平流层探测气球

离地面 5 ~15 千米的地方，很多情况已经和地面大不一样。这个时候，温度计的水银本来应该继续下落的，可是很多时候却是停着的，有些时候竟然会上升。

仪器果真不能代替人类，所以，人们又跃跃欲试了。有了以前的经验，人们已经不仅仅带一些氧气去了，会带上人们已经适应的地面上的空气。吊在气球上的也不只是那种简易的篮子，而是封闭的吊篮。

于是，这些气球一只比一只飞得高。1931 年，匹加德的平流层气球飞到了大约 16 千米的地方。两年之后，苏联的三名科学家的平流层气球"苏联号"到达了 19 千米的高度。

外部形态上，平流层气球和其他的气球有很大区别。它的气囊就像一个样貌很差的口袋，下面的吊篮用来装载人和仪器。

起飞之后，平流层气球这个怪物就慢慢地变了样，原来又瘪又皱的外表突然变得紧致起来。从这个现象就能看出高空气压的变化。如果外部的气压没有变低，那么气球怎么可能会涨起来呢？

1934 年，又有一群英雄向平流层进发了。他们分别是费多赛因科、瓦森科、乌塞斯金。不过，这次却发生了很大的不幸。由于气球飞到了 22 千米的高处，他们三个没有办法适应，最终死在了吊篮中。

平流层的深处，完全是一个不一样的世界。那里水分很少，几乎没有降水。即使是在赤道上，那个高度的夏季也冷得出奇。平流层的风速极快，和飓风的速度相似。不过，因为空气稀薄的原因，连一棵树木也吹不弯。云也和其他地方的不同，一层一层地呈现不同的状态。云层层层叠叠的，每一层有每一层的景象。气象学家把这些变幻多姿的景象拍了下来，形成一幅幅美丽的图案。这些图案中，有漂浮的雾霭，有鸟儿的羽毛，有丝滑的白发……一层一层堆到塔尖。

但是，一到平流层，人们看惯了的那些云朵全被踩在了脚下。即使高卷云都不能靠近平流层。一些很独特的云才属于平流层。它们的名字都很奇怪，比如"贝母云"等等。当我们已经感觉天黑的时候，那些云朵依旧沐浴在阳光的照耀下。

为了更好地利用自然，人们要很认真地研究一下这个平流层。可是，越往上就越难走。这就需要设计一个非常大的气球才有可能到达，那时，整个气囊的重量都是那些气体无法托起的。

到了这里，人们的研究又遇到了瓶颈。人们已经看到了这个新的领域，却突然发现前进的路已经封死。还有什么办法？篮子里的东西已经扔得差不多了。只剩下人和仪器了。如果扔仪器的话，研究就失去了工具。于是，人决定自己走出篮子。就这样，仪器独自乘着气球飞上了更高的天空。

1903 年，第一个无线电探测器在苏联出现了，发明者是莫查诺夫。他把测

▲ 氢气球

量天气所用的温度计、气压计等仪器和无线电等都装在一起，只用一只很小的氢气球就能把它带上去。这些仪器测得的数据通过无线电传到他这里。

可是，这样也还是有限制。当无线电探测器飞到 36 千米的时候，它遇到了自己的顶点。这一天，是 1941 年 11 月 7 日。

一些仪器已经过重的时候，该怎么办呢？还有什么更轻的东西吗？那就是没有重量的东西了。通过观察，人们发现原来声音是会折射的。物体爆炸时，人们发现在附近 20 千米的地方能听得见，但是，之后就听不见了。后来到了

▲ 无线电探测器升空

200 多千米的时候就又听见了。这就说明声音走的并不是直线。光线从空气中射入玻璃瓶会发生明显的折射，从暖空气到冷空气同样也会。声音和光线一样，当它穿过不同温度的空气时，走的也不是直路。当声音从冷空气穿入暖空气的时候，就发生了折射。当空气更暖的时候，它继续折射。最终，积累到一定程度就重新到了地面，重新传入我们耳中。

经过科学推算，声音能达到五六十千米的高空，那里的温度极高，大概有 75 摄氏度，比撒哈拉的温度都高。按照温度表的测量，地面上面的温度相当于北极，再上面就相当于撒哈拉。差别也太大了！

就这样，最高的高度又刷新了记录：60 千米。可是，人们还是不满足，又在想别的办法了。没办法，声音实在走不动啦！于是，人把目光转移到了火山喷发时喷出的水蒸气。这些水蒸气和地球上的任何水都没有接触，就那样随着火山的爆发，从最深处一下子窜到了空气很深的地方，在高空 80 千米的地方重新凝结成云。也就是我们那银光闪闪的飘来飘去的银色云。利用它，人们也获得了一些关于太空的信息。

后来，人们又把目光投到了陨石上。当陨石从天空滑落的时候，它会不断燃烧，越烧越亮，直到最终熄灭。从对陨石的观察，可以清楚地看出它整个的过程，知道它所在的高度以及速度和亮度等。更重要的是，可以推知高空 120 千米处的空气密度。这一切都要归功于陨石燃烧时遗留在尾部发光的痕迹。在陨落的过程中，风吹过，就会使这条痕迹发生改变，就像我们常见的炊烟一样。通过观测痕迹的走向，便可以知道那时那处的风向。而这个时候，已经到达了高空的 120 千米处！

人们啊，还是不满足，还是在想方设法往更高的地方走。于是，人们又发现了一个可以帮助自己的战友——夜晚在空中发亮的光。很多晴朗的夜空，没有月亮，理论上应该很暗才对，可是实际上并不是这样。原来，在更高的

▲ 马加罗夫

上空——大约 130 到 180 千米的高空，不只是星星在发光，那里的空气也在贡献着光芒。这些夜光也会透露那里的空气状况。

理论上是这样，可是，到底是怎么实施的，那些高处的夜光到底是怎样帮助人们实现研究的呢？其实，早在还没有任何一个人到达高空十千米的地方的时候，就有人在研究黄昏时分的光的方法了。发明者是名叫费森科夫的科学院院士。

黄昏的时候，太阳逐渐落下地平线，它的光会散射到每个空气层中。通过研究此时太阳光的亮度就可以知道各层大气的空气密度。根据密度又能够推算出气压和温度。这一次，高度上升到了 250 千米。苏联的阿巴斯士曼斯克天体物理观测所和科学院的地球物理研究院就做了这项实验。

此时可是 250 千米的高空！人们还是不停止追寻的脚步，于是，目光来到了 300 千米的高处。这个时候，就只能借助无线电波了。为了减轻重量，无线电波探测器没有当选去太空的英雄，这次的主角仅仅是无线电波。

无线电波的发明者是波波夫，发明之后不久他就知道了无线电波的奥秘——它可以传到很远很远的地方，可以越过山川、跨过海洋。它的原理其实很简单：由地面发出的无线电波在向上传播的过程中，遇到传导电流的空气层，就会重新被反射到地面，接着再被反射到高空。随着这样循环往复一直反射就包围了整个地球。

于是，人们就想：能不能把无线电短波传到上空，然后在它正好到达陆地的时候接收？这样，只需用极短的时间，就可以接收到来自高空的无线电波。通过计算来回用时，便可以知道它来自多高的地方。就是用这样的方法，人们认识了 100 千米——250 千米——300 千米的大气层。因为这一层大气圈里面含有许多的离子，所以叫做"电离层"。此时，黄昏光的方法也没有被人们抛弃。

300 千米，似乎已经到了极限，人们再也不能走得更高了。可是，倔强的人们啊，还是超越了这一高度。借着北极光上面的边缘，人们来到了 1000 千米的高空。在那里空气还是一样存在，不过颜色却十分绮丽，像是我们常见的霓虹灯一样。

由此可见，在 1000 千米的高空都是存在空气的，那托里拆利的理论也就不攻自破了。他认为高空 50 千米以上全是真空。这样看来，亚里士多德的时代认为不存在真空的理论好像是正确的。可是，真的存在真空吗？真空又在哪里？

在那些高深莫测的空中，充塞着各种各样的事物。有陨石，有太阳自身很细微的碎片，也就是我们所说的电子，有太阳发出的光等等。我们看到的极光就是地球穿过电子云时产生的。在星球之间也存在着飘飞的碎屑，当这些碎屑到达大气的时候，就会制造出宇宙线。这里所有的一切组成一幅和谐的画面。

目前，人们还没有能力到达其他星球，可是，已经能探测到月球上的情况。人们就这样凭借着无休止的执着，一步一步攀上科学的高峰，一步一步飞向更高的上空。

神奇的 水 底

很早之前，人们就知道两个世界是十分神秘的，那就是头顶的世界和水下的世界。由于知识技术的限制，以及人们胆怯的心理，没有人真正产生探知的欲望。因为在水里人们也许会游泳，却没办法正常呼吸。在空中，虽然可以正常呼吸，却没办法飞到那样的高度。在水中，很可能会溺水身亡，在空中跳跃很可能会跌入谷底，粉身碎骨。

人们也曾通过一系列的训练提升自己的水下的能力，可是，没有什么大的成效。就算是最出色的采珍珠人也只能在水下待几分钟。探测高空的时候，人们是先和仪器一起上去，然后才让仪器独自上去。而探测水中的顺序则发生了变化。这一次，人们先让仪器进去了。因为仪器比人进入水中方便得多，只需一个重物就能够实现目的。

那时，探测高空的时候，需要用制作精良的氢气球，可是现在研究水流却没必要费那么大周章，只需一只普通的瓶子就可以了。无论这只瓶子是新是旧，是美是丑，只要把瓶子塞得紧紧的，就可以了。装载着测量仪的瓶子顺着水流不断地漂流，记载着过程中的信息。我们可以在一些书上清楚地看到瓶子的流经路线。

那时候，似乎所有漂浮在水上的事物都可以被用来当作测量的工具，漂浮的瓶子、漂流的木棍、漂移的冰山……可是，如果仅限

▲ 博斯普鲁斯海峡

于此，人们只能获得极少的信息，于是，人们又在动脑筋了。

为了进一步研究水流的奥秘，人们发明了许许多多的办法。一些精密的仪器被制造出来了，这些仪器包括从深水取水的仪器以及测量水流速度的仪器。与此同时，水上的船舶也开始了工作。

▲ 潜水艇

这些船舶可不是一般的船舶，运载旅人或货物不是它们的职责，它们就是专门用来研究海洋的。比如"维特亚兹号""察楞泽号"等。这两艘船都有一定的历史。"维特亚兹号"的指挥者是名叫斯契奔·奥西坡维契·马卡洛夫的著名海军大将。不幸的是，1904年时，他在日俄大战中阵亡。在他的著作《"维特亚兹号"与太平洋》中，详细地记录了1886年至1889年之间航程中的各种资料。"察楞泽号"更是厉害，利用三年的时间，行走68900海里的路程，记录了一大批珍贵的资料。

看着那些浩瀚的资料库，你不得不由衷地佩服航海家的伟大。他们的测量活动远比我们想象中的艰难。每一次测量，都需要把船停下来，把帆扯下，所以，船上的人们无论是军官还是水手都承担着很重的任务。更关键的是，他们每天至少要测试六次水温，多的时候甚至几分钟测一次。由此可见他们的辛苦。

关于这些，马卡洛夫都有记载："在这三年中，只要到了需要停下船来测量的时候，船上没有一个人可以闲下来。每个人都要在船上来来回回奔波几十回。"不过，令他欣慰的是，虽然很苦很累，他的助手们依旧勤勤恳恳，毫无半点懈怠。他们每天都坚持着观察、记录。这本航海日志是海军大将及其助手们辛勤汗水的证明，人们并没有在船上偷懒，而是在勤勤恳恳地工作。

船上所有的人都清楚这项工作的艰难，但也明白其中的意义。对此，马卡洛夫这样说："海洋就像是一块帷幕，而那些深水测量器就像是在帷幕上穿出的小洞。从这些小洞，我们可以窥视到海洋的秘密，可是这秘密仅仅是海洋所有秘密的冰山一角。要想窥视到更多，就必须发明更多的精密仪器，就必须在各个地方都开出这样的小洞。只有这样，才能掌握更多的信息，才能得出更精确的结论。"

老航海家用极其诗意的语言描绘着海，他明白，要想真正揭开它神秘的面纱，就必须经历一个漫长的过程。

就这样，随着时间的流逝，关于海洋的研究也从没有停止过。很多著名的流动研究所，比如"陨星号"等周游世界，记录下途中各种各样的探测数据，包括水的温度、密度以及含盐量。大约1920年的时候，迈萨切夫还创立了一个漂浮的研究所。

很早以前，人们总是认为只有海面上才有水流，而深深的海底是平静的。可是，等到探测员回来报告的时候，人们才知道，原来在深深的海底，也是存在波浪的。也就是说，海洋中没有一个地方是完全静止的。

在博斯普鲁斯海峡，借助仪器的马卡洛夫就曾经发现一条和海面水流方向完全相反的水流。在海面上，水流从黑海流入玛摩拉海，而在下面却完全相反。因为盐度、密度较大的原因，水流从玛摩拉海流向黑海。

在天空的映衬下，单凭肉眼，人们也可以清楚地看到海面上的水流。可是，上面的水和下面那层水的分界线在哪里？人们看不到，所以，又要找仪器帮忙了。

如果没有仪器，水底的波浪和水流就不会被发现。如果没有仪器，人们连海底都碰不到。由此可见，仪器对人们的测量事业的重要。可是，就算有仪器，也还是不容易啊。这个时候，又有人想到了声音。声音的功能是多样的。它深入海底比绳子或其他事物快多了。从海面发出的声音经由海底的反射，重新回到海面——回声探测器。

从海面上发出声音传到海里，过不了多久，就会接收到折射回来的声音。声音到海底的往返只要几秒的时间，由此可见，声音在海水中的传播速度要高于在空气中的传播速度，大概是每秒钟 1400 米至 1500 米之间。通过这样的方法，只需通过声音传播的时间，就可以推算声音的路程，除以二就是海底的深度。

就这样，在声音以及其他仪器的帮助下，科学家们测得了海洋深处的状况。看到了海洋深处的平原、山川等等。根据这些测量结果，科学家们绘出了一幅海洋底部的地图。在那里，海底的山叫做"海脊""海坡"，低处的地方则叫做"盆地"。在这幅地图上，有形形色色的名称。如"巴西盆地""绿色盆地"等等。以前人们口中的海底神话王国，现在居然真的存在了！

苏联的梭加尔斯基写了第一本关于海洋学的著作。他是苏联参与国际航海家和国际海洋学代表会的固定代表。在苏联，关于海洋的事他比谁都了解。

世界上所有的海洋都是他的兴趣所在，不过，由于种种原因，他对自己国家的海洋研究还是最多的。他乘坐"五一号"在黑海上进行了大量的研究，于是，我们对黑海更加了解。看看梭加尔斯基的著作以及记录就可以清清楚楚地窥伺到海洋底部的面貌。

不久，有一本关于海洋的书诞生了，那就是素雷金的《海的物理学》。我们所熟知的物理学一般会包括力学、电学、热力学等，现在又加入了水底世界的知识。这本书里已经很清楚地记述了海底的法则和状况。

就这样，通过人们的努力，每十年，地球上未知的领地就会越来越少，

▲ 海洋底部的生物丰富多彩

人们了解的地方就会越来越多。人们就这样一步一步地深入海洋底部。

测量的仪器告诉人们，陆地上最高的是珠穆朗玛峰，大约 8800 多米高，海底最深的是太平洋的马里亚纳海沟，大概 10 千米多深。

仪器很容易到达海底，可是如果人也想到达海底，那怎么办呢？如果水不是很深，穿上潜水衣就可以。可是，如果水很深呢？人类真是厉害，这件事还真有人做成了。

1943 年，从巴库开往里海的"久德号"上发生一件神奇的事情。在离海岸很远处，船长命令停船。从船上向水中降下一个奇怪的仪器。粗看之下就像个炮弹，只有中间的一些细节和炮弹不同。

这就是我们所说的"潜水舱"。坐在潜水舱里面，可以通过四处的窗子看到海里的一切。这可比那笨重的潜水衣方便多了。而且呼吸也会轻松很多。在这里，人们可以随身带着一个装满氧气的气球，至于呼出的二氧化碳则会通过仪器直接排出。更先进的是，潜水员的前面有一台可以和其他人保持联

▶ 公元前 4 世纪的亚历山大大帝亲自设计潜水钟，把人类送到海底

系的对讲机。潜水舱在海底一步步地往下降，从 25 米至 50 米，最后到了 215 米的深处。由于制作材料是来自克伦斯塔特海军工厂坚硬的钢铁，所以在海底也不怕重压。到了深海，就会显得很暗。所以，潜水舱里也准备了电灯，打开灯，前面的世界瞬间光亮清晰。

随着潜水机不断地下降，忽然有一层模模糊糊的帷幕出现在观测者眼前。原来，这就是人们口中的两层水的交界处——"液体的地"。由于这个分界层上有一些微小的动物和植物，所以它也就变得清晰可见了。

有一个名叫威廉·比伯的研究者，他依靠"潜水舱"降到了海底 923 米的深处。他的潜水舱和别人的不同，就像空中的氢气球一样。他还写了一本关于此次海底见闻的书。书中描述了随着潜水舱在水底的降落，他观测到的水，先是绿色，后来成了蓝色，随着深度的增加，蓝色越来越蓝，直到最后，蓝和黑完全分不清了。随着深度的增加，透进海底的光越来越少。到 600 米左右的时候，已经几乎没有日光。这个时候，海洋就像黑夜一样。

▲ 海龟号木壳潜艇

可是，这"黑夜"还是能看得见一些东西的，并不是完全的漆黑一片。透过窗口，人们可以看到一些闪烁着光亮的星星，等走进才发现，那些星星有浅蓝、有黄色、有绿色。它们就那样闪闪地照耀着黑暗的海底。

茫茫夜空中，"双鱼星座"不断闪耀着它的光芒，但是它却似"鱼"而非鱼，只不过借用鱼的噱头而已。在广阔的海洋中，无数鱼类却又像天上的繁星一样，每一条都闪耀着其独特的光辉，就像那些背部有 3 颗黄色星的鱼类，又或是那些身体两侧都画有 5 条黄色星痕和紫色星芒的鱼类。随着人类对海洋的不断探索和发掘，人类越来越了解什么是海洋，而海洋又是什么样子的了。

人类通过模拟海洋环境，建立海洋馆、水族馆等，我们通过这些，经常可以看到，这些原应该隐藏于深海中的物种。当这些海里的居民不自觉地撞到观察窗厚重的玻璃上时，它们在受惊的同时，快速消失在游客的眼前，只留下一些依稀的星光和未平静的水纹。

海洋只是地球水循环中的一个重要环节，但是它不代表水的流动到此为止。我们的世界由天空、陆地和海洋组成，我们要了解整个水循环的过程，还需要了解水在地表、地下以及天空中是如何流转的。可想而知，要了解一滴水的旅程恐怕要比了解行星的运转轨迹还要困难。难怪著名天文学家伽利略曾经说过，他能够准确预言天体的行进轨迹，却无法描绘一滴小小的水珠在整个地球的流转路径。

陆地 和 天空

　　每一滴水在我们看来恐怕除了大小没有任何不同，但是它们在水循环过程中所经历的路程却不像人类想象的那么简单和雷同。这些水滴不断在天空、陆地和海洋中游历，当它们在秋夜以雨点的形式击打我们的屋顶、窗户时，我们甚至无法估算出这些水珠在此之前已经改变了多少次它们的形态面貌了。也许它们在上一次掉落到地面时还是以雪花的形式，再之前却是漂浮在海面上的冰晶，它们也许曾经深入过海底深渊，甚至顺着大裂缝到达过地球的核心。

　　这些掉落的水滴，之前可能还是海水，在阳光的照射下，逐渐蒸发变为水汽，然后大气中的气流带着它飘过海洋，可能在它还没完全离开海洋时，一半以上的水汽就回归了海洋，而另一半则到达了陆地，现在正不断击打我们眼前的地面和屋顶，不断打在每一片树叶上。

　　这些水滴之后会怎么样呢？当太阳出现后，一部分水滴将重复海水的循环过程，一部分水滴将汇入小溪，再流入江河。水滴汇入江河的过程有短有长，离江河较远的水滴，也许要经过数天才能到达河床。雨过天晴后，在我们看来，树叶、屋顶乃至柏油马路上都已经干燥的时候，这些水滴正不断向河床汇集，实际上我们都能通过河水的反应观察到。

　　河水往往在雨后都会先涨后落，雨水形成的浪头呼啸着从河道奔向远方，当多条支流汇集时，这些浪头也会不断汇集形成一个更大的、气势更足的浪头，它不断咆哮着最终涌入海洋。这些雨滴，不管通过何种形式，一般在几天或几个星期后，便会回归海洋，完成它们由海洋—天空—陆地—海洋的循环旅行。

▲ 亚里士多德

这些雨滴中还有一部分选择了另一条更不易被人类观察到的旅途，那就是通过土壤渗入地下。关于这些雨滴的旅行路径，科学家们曾经有过不少争论，现代科学通过法国物理学家马略特在巴黎气象台地窖中观察到的雨滴变化，了解到这些雨滴首先深入地下变成地下水，然后地下水补充泉水，再由泉水流入河流、海洋，完成了由海洋—天空—雨滴—土壤—泉水—河流—海洋的循环旅行。

也许有的人会提出这样的反驳：即使是最暴虐的降雨后，泉水也并没有很大的变化，这样泉水就应该与雨水没有任何关系啊！

科学家们为解决这一疑问，从头开始思考，首先解决泉水的来源问题。德国科学家弗格尔找到了这个问题的答案——泉水的来源就是地下的露水。实际上不光我们地表的空气中存在着大气，地下土壤中也通过众多的气孔，存在着大气。大气中的水蒸气在一定温度条件下凝结成水滴，它们不断由于重力不断汇集，最终形成地下泉水，并涌到地面。

这里我们又回到亚里士多德的理论，亚里士多德说过，地下水不是直接由地表进入地下空间形成的，而是通过地下空间的大气中水蒸气凝结的露水汇集形成的。亚里士多德与弗格尔二人的结论基本相同，只是亚里士多德理论中的地下空间在弗格尔的理论中缩小为极小的气孔。

在亚里士多德的时代，学说的正确性很少依靠计算进行验证。但是在现代科学里，一切理论都是要经过反复计算验证后才能确立。科学家们通过计算发现每昼夜需要在极大压力下，将一千米的空气层挤压进土壤的气孔中，才能保证一座泉水的给养。但是在实际中，如果泉水真的需要这样来进行补充的话，那么那里的地面温度将足以将我们的脚烫伤。所以这个计算结果证明这个理论不正确，或者说不完全正确。

▲ 天然泉水

直到 20 世纪初叶，俄国科学家列别得夫找到了这个谜题的答案，他证明了马略特和弗格尔的理论都是正确的，泉水的来源一方面是雨水直接的补充，一方面则是肉眼不易观察到的地下露水的缓慢给养。而大自然为保证泉水的补养速度，最终使得雨水的补充比露水的补充要更加直接和充足。

▲ 马里奥特的作品

那么为什么在暴雨后，泉水一般不会出现激增的情形呢？这主要是因为水在地下的流动方式和所受的阻力与地面完全不同。在地面上水滴汇集成小溪，在地势的影响下，基本只受空气阻力；而地下这些水滴受土壤的阻力和空气压力要远比直接的空气阻力大得多。因此，地面的水远比地下水要流动得快。甚至地下水有的要经过数周、数月或者数年才能达到目的地，而地表水有的在一天内就能到达目的地。举个例子来说明吧，

如果在图拉附近降下的雨水，通过地下的途径需要五六年才能到达莫斯科的喷井，再通过水龙头才能被人们使用。

水通过各种方法自行开路，在地表和地下世界形成自有的一套体系。这在科学家面前揭开了一个新的世界。水在地表一座宽敞的谷底流淌时，可以很快地从一端流向另一端，而在比较狭窄阻塞的地方，它就会慢慢地渗透，通过空隙继续它的旅途。如果不存在空隙让水流通过，那么这些水将会将一粒粒的土壤颗粒包裹起来，并形成一条新的水的通路，也许在我们表面看来土壤还是干的，但是实际上土壤内部正不断进行着我们肉眼观察不到的水的运输活动。

地下水的运输活动，不仅在速度上与地面上的不同，而且它的运动方向也是大为不同的。地面上的水受重力影响，永远只会由上往下流。而地下水却很多时候是向重力相反方向运动的。也就是说，地下的水还受其他力的推动作用——热力和分子间引力。

但是，地下水在流过地下石灰石岩层的巨大空隙时，它们将地下的空穴填充形成地下河流和地下湖沼，这时地下水也可以像地表水一样跑得飞快。这些地下河流可能通过山谷间的洞穴通道，突然在地表出现，形成一条可见的地表河流，最终将水运输到河流、海洋中去。伟大的意大利诗人彼得拉加就曾经在伏客留斯村附近一条地下变地表的河流旁居住过，并在那里创作出哀悼拉乌尔致死的十四行诗。

而大部分的地下河河道却是直通海底，这些地下水也会在完全不露出地表的情况下直接注入海洋。这些注入海洋的地下水，往往像一道浑浊的水柱一样喷射而入，以致很多富有经验的船长在看到地下河注入形成的浊水时，误以为有暗礁而改变行进方向。

这样，我们又得到了一条新的水循环路径：海洋—天空—陆地—地下河—

海洋。

水在地球上的行进路径，通过海洋、天空、陆地等不同的组合由几千、几万种可能。有时在途中，有些水可能被植物的根吸收，通过植物叶子的呼吸，再次回归到天空中。有些水可能落到沙漠。在沙漠中形成一片绿洲，有的则被禁锢在一片泥沼中。还有一些则参与到一些奇妙的化学变化而消失不见。一些则成为人类的动力，为人们提供电力。在这些水的不断游历中，它们将地球上伟大的大气、大地和水三个领域合而为一。没有这些水，地球上将没有雨雪，没有江河湖泊，没有云层雷电。也就是说，如果水循环停止了，那么我们现在的地球将完全静寂下来。

但是这不是说大自然仅靠水循环就实现了现在的平衡，除了水循环外，还有另外一个伟大的循环——大气的循环。在之前我们在描述水滴的游历过程时，提到过是大气气流将水蒸气带入高空的。水蒸气在高空中形成云，然后形成雨滴落到地面，再汇入江流，这时水与大气是不是就没有关系了呢?

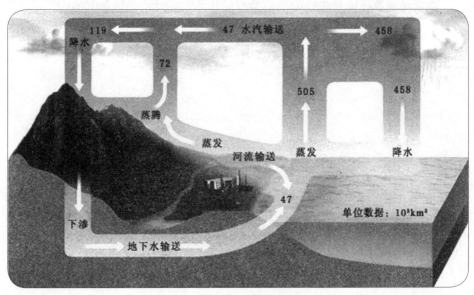

▲ 水循环系统图

当然不是！水循环和大气循环，不仅仅是靠水来维系二者的关系，同时还依靠二者间不断交换的热量来维系。

江河的表面在冬季开始结冰，而在春天开始解冻。这个现象如果单靠水文知识，我想即使是最有学问的科学家也无法解释的。但是结合循环间的热量交换，这个问题很好解答。秋天温度开始降低形成寒流，寒流在经过陆地和海洋时，夺走一部分水的热量。海洋中水的存储热量较大，因此，海洋上轻易不会结冰。但是北方的海和河流由于日照较少，积蓄的热力较少，因此它们的表面会形成冰面。而春天时，与秋冬天相反，热量由空气传给水，因此冰面开始溶解。

现代科学中一般将水科学与大气科学分为两种不同的科目。但是假如气象学家不了解水循环，水文学家不了解大气循环，那么他们都无法对各自科学领域进行深入的探索。要知道水循环和大气循环是地球这个机器的两个关键转轴，离开它们地球将陷入一片沉寂中。

那么带动地球机器运转的基本动力是什么呢？——答案是太阳。

第06章

·地球机器·

  人类更希望的是能够确实掌握地球这个巨大机器的主宰权，即使不行，获得一部分主动权也是好的。为了使自己在星际航行中过得更舒适，掌握更多主动权，更快地达到这个目的，人类已经开始调查地球的炉子、锅子、唧筒和通风管道，这些是管理地球上的暖气、通风和供水的主要部件。

地球的设计蓝图

▲ 地球

人类与地球上其他的乘客——那些天空中飞的、陆地上跑的或者水中游的动物有着本质的不同，人类会对一切事物产生好奇，想了解一切知识。虽然地球免费地搭载着人类在太阳这个中心广场上游荡，人类的这份好奇心还是永远得不到满足。人类迫切地想了解脚下搭载着自己的这个巨大机器的内部构造是什么样的？以及这个巨大机器的运行轨迹是什么样的？这份好奇心，已经持续了数千上万年，并且将不间断地持续下去。

人类更希望的是能够确实掌握地球这个巨大机器的主宰权，即使不行，获得一部分主动权也是好的。为了使自己在星际航行中过得更舒适，掌握更多主动权，更快地达到这个目的，人类已经开始调查地球的炉子、锅子、唧筒和通风管道，这些是管理地球上的暖气、通风和供水的主要部件。

在最早的时候，人类还在为生存而奋斗的时候，没有人想过他的头顶是什么有什么，脚下是什么有什么！但是随着人类文明的不断发展，人类学到了越来越多的本领，能够下到地下数百米的矿坑，也能够登上世界上最高的山峰的时候，人类越来越意识到地球的伟大之处，以及地球这个巨大机器的运行是多么复杂！人类在不断探索中明白了洋流和大气的形成和作用。

当人类还处于蒙昧时期时，人往往将自然动力神化。而在机械文明到来后，人类则将大自然的种种环节与机械的轮子、齿轮和传送皮带一一对应。为了更好地了解地球这个巨大机器的运行原理和结构，我们首先需要绘制一张机械蓝图，大气循环和水循环组成了这个机械的两个轮子，陆地上的江河、海洋以及大气中的风是带动轮子的传送皮带。赤道是地球的动力炉，两极则是整个机械系统的冷却器。

运转整个机器的原动力是太阳，它通过辐射加热地球的动力炉——赤道的空气。被加热的空气逐渐上升流向冷却器——两极地区，在那里它们将被冷却，然后下降重新流回赤道。这个大气运动的过程，最终带动整个地球机器运动起来。

早期科学家在绘制地球蓝图时，将有些问题想象得过于简单，甚至将一些必要的条件也取消了，这使得他们得到的结论往往是不切合实际的。就比如有的科学家，故意提出地球是固定不动的。但是假如事实真的如此的话，经过气象学家彼克涅斯计算，地球上开始大气循环 24 小时后，地表的风速就可以达到 29 米 / 秒，而这个风速在我们现代科学评价来看已经达到飓风级别了。它会将地表上存在的房屋、树木以及其他一切生物一扫而光，地球上将只留下不断横冲直闯的气流、死寂的大陆以及被气流搅动不断翻滚的海洋。所幸这个情况只是一种不严谨的科学假设，而地球也不是固定不动的，我们都知道它不间断地在进行着自转活动。

随着 20 世纪科学水平的快速发展，科学家们重新将绘制地球蓝图的计划提上日程。通过观察，他们发现地球自转过程中，北半球的上升气流会偏

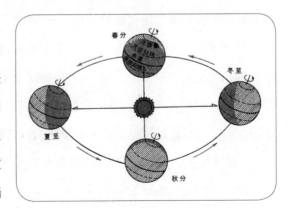

▲ 地球公转示意图

向右倾斜，而南半球的上升气流则向左倾斜，大气的流动方向并不是我们想象的向正南、正北运动，以一股离开赤道30度的气流为例，它的运动方向并不是沿着子午线前进，而是按照纬线向前运动。

随着太阳对赤道的不断加热，不断有新的热气流向两极流去，以北半球为例，一些气团在流动过程中，逐渐降温，然后沿着地面返回赤道，地球上因此出现了信风；一些气团随着后续气团对它热量的不断补充，持续向北流动，它们在地球自转的影响下向右偏移，并最终沿着特定的纬线，由西向东流转。这也是我们这里所遇到的很多天气，一般是由西边过来的气流带来的主要原因。

热带的空气往往向北能够走到很远的地方，而极地的空气在不断向南运动的过程中不断地热起来。科学家们通过这些猜想，不断修改着地球的机械蓝图，并绘制了一条由赤道直通极地的线路。

温暖的空气在寒带冷却后下降。然后沿着陆地向南返回赤道，而由热带新产生的温暖气团将与它们不期而遇。在没有其他因素的干扰下，两股冷热气流交汇了。在这两股巨大气团交界处随之产生一股巨大的风浪，有时这些风浪会逐渐平息，但是有时它们会形成无数气旋。一些带着温暖的空气，向北远去；一些则带着冰冷的空气深入南方；还有一些则在两股气流的影响下逐渐混合，形成一股更大的气旋。这些不断往返于赤道、极地间的气流，形成了地球机器的3个巨大的轮子。

科学家们在绘制蓝图时，忘记了陆地和海洋，那么它们在地球机器中所扮演的角色是什么呢？它们实际上是地球上辅助赤道和两极的动力炉和冷却器，只不过它们的角色会随着季节而发生变化——冬季时，陆地是地球的冷却器，海洋则是地球的动力炉，而夏季时两者的角色刚好发生互换。

而随着地球上陆地和海洋两者角色在季节上的变化，因此，地球的机械蓝图中，我们又应该增加一个季风的轮子。

陆地的 暖气 装置

　　曾经有人认为地球上只有印度洋里才有季风，但是沃叶科夫知道季风的影响远远超出人们的想象，它影响着地球上多个国家和地区的气候。

　　在摩尔曼斯克，冬季风将冷空气驱走，取而代之的是它自海洋上带来的暖气流，这股暖气流最终使得摩尔曼斯克与和它纬度相近的维尔可扬斯克的温度要高 40℃左右。为什么两个地区的温度差异如此巨大呢？原因很简单：摩尔曼斯克的地理位置属于临海区域，而维尔可扬斯克与海洋相距有数千千米远，两者相比较，自然是离着地球的炉子——海洋近的摩尔曼斯克更加温暖。

　　海洋这个地球的炉子，拥有着地球绝大部分的表面积，它加热的速度很慢，冷却的速度也很慢。在夏季也作为地球炉子的陆地，则像是一个临时加热炉，它在夏季时，加热的速度很快，但是冬季时，冷却的速度也很快。所幸在冬季时，起作用的是海洋这个巨大的加热炉，陆地可以通过海洋而补充一定热量，不至于让陆地上的生命完全被严寒吞噬。

　　地球这个机器的外壳，由水、陆地和大气组成，而它们构成了地球完美的暖气系统。举个例子说明，南方某处的风在经过海洋时，攫取了部分水分，海洋因此形成了一股向北流动的水流，当北方的冷空气与洋流擦身而过时，它从温暖的海水中摄取热量，并最终经过海峡来到陆地。

　　科学家们曾经统计过这些空气为苏联带来了多少温暖。这个数据是惊人的！这些空气每年向苏联每厘米海岸线输送的热量就有 40 亿大卡的热量，这个热量相当于 600 吨煤所能提供的热量。苏联的海岸线有数千千米长，那么假如有一天海洋停止向陆地供暖的话，我们需要耗费几百亿吨的煤才能代替海洋对陆地温度的调节作用。

苏联的区域广阔人所皆知，这个"房子"如果只靠一套暖气设备供暖是远远不够的，所幸苏联除了西部"湾流"这个暖气供应设备外，东部还有"黑潮"暖流这个设备。

西部"湾流"暖流因为离陆地较近，因此比东部"黑潮"暖流所携带的热量多。每年冬天，这两股暖流分别从东西两侧而来，沿途为苏联广袤的陆地带来温暖，融化居民结冰的窗子，使得地球等温线在暖流覆盖区域内显现出奇异的曲折。

当这两股气流在维尔可杨斯克或者勒那河和叶妮塞河相遇时，它们从海洋攫取的热量基本消耗殆尽了。也因此西伯利亚东部最终成为整个苏联最冷的地区。而实际上由于这一地区与其他所有海洋"炉子"都相距甚远，甚至冷极也不像人们所设想的在北极极点，而是在西伯利亚东部。

我们在研究地球这个机器蓝图的时候，已经注意到地球自转和陆地、海洋对地球机器运转的影响了，但是这还不够！我们还忽略了地球并不是一个光滑的球体，在地球上还存在山脉——这一阻止气流通过的巨大屏障！即使是乌拉尔山，这座并不算雄伟的山脉，它的存在却有效地阻挡住由西向东经过的暖气流，也许在造成西伯利亚严寒的罪魁祸首中，它应该也是其中之一。

山脉对气流的影响是巨大的，在苏联诺伏罗西斯克，这里有一道山脉像堤防似的完全挡住了由陆地向海洋运送冷空气的前路，而在山脉周围有一座盆地，高低气压的巨大差异，牵引着盆地内冷空气向海洋移动。当冷空气闯出盆地，翻越山脉后，冷热气流交汇，最终形成巨大的空气瀑布——飓风。飓风不断搅乱临海区域的秩序，破坏着临海城市的建筑，整列火车被飓风掀翻，停驶的渔船被飓风抛到岸上，甚至一些小型轮船也不能幸免。冰冷的飓风过后，人们在港口往往只能找到一些被冰层层覆盖的船舶和碎片。

大气气团的 冒 险 旅途

科学家们不断对地球蓝图进行涂改添加，它已经能够很清楚地反映出地球机器的基本架构：地球上存在着陆地、海洋、大气，而陆地上又存在着山脉、平原、绵延数百里的森林和沙漠。科学家们也能很清楚地认识到冬天北方会被冰雪覆盖的原因，以及海洋洋流有着寒流和暖流之分，而且他们也能够很清楚地想象出大气在地球上是如何移动的。

在人类绘制地球蓝图之初，地球只是一个平滑静止的球体，而现在随着蓝图不断地完善，地球已经像它实际那样富有生机：地球现在像一个身着绿色舞衣，沿着地轴中心不断舞动旋转着的舞者。在地球上，每一种物质都仿佛一个生命，富有自己的个性。大气作为地球不可或缺的组成部分，每一个气团可能会因为际遇的不同，而具有不同的特点，像沙漠的气团就又燥又烫，而北极的气团则是又燥又冷，赤道热带雨林上空的气团则变成了又热又潮。如今科学界根据气团的出生地及影响，对每一个气团命名。

1. ωB（EA）赤道气团，是指那些在赤道生成，在湿热的热带雨林上空或海洋温水区域上空存在的气团。

2. mTB（MTA），海洋性热带气团，是指在热带海洋生成的气团。

3. kTB（CTA），大陆性热带气团，是指在热带草原或沙漠生成的气团。

4. k∏B（CPA），大陆性极地气团，是指于冬季在被冰雪覆盖的森林和草原上空生成的气团，这种气团主要在苏联境内盛行。

5. AB（PA），北极气团，是指漫长北极夜中于北极冰雪大陆生成的气团。

这些气团每一个都拥有着自己独特的冒险经历，就拿生成于大西洋暖水

▲ 雷雨

上空的海洋性极地气团 m∏B 为例吧！它原本是来自冰冷北极的使者，在一个雾气弥漫的日子，它在大西洋上空被暖湿的空气烘热蜕变。新生的 m∏B 气团带着新攫取的水分随着大气流由西向东开始新的旅行。它在海洋掠过时，卷起浪涛恶作剧似地掀翻几只小渔船；当它到达大不列颠时，它又使坏，用浓雾笼罩整个伦敦，使得灯光都很难从它的包围下哪怕透出一丝光芒；它路过农田时，大雨倾泻而至，不断击打着农田、地面和屋顶。

它带着轰鸣低沉的雷雨云从欧洲飘过，为它路过的每一个地方都带去一股透着海洋味道的清新空气。它旅途的下一站是苏联，在不断靠近的过程中，它遭遇了与它亦敌亦友的另一股气团——kTB，大陆性热带气团。这次热带气团带着滚烫干燥的空气和尘土，来势汹汹地向极地气团袭来。极地气团自然开始反抗，它凭借着自身冷重的特点，迫使敌人向高处爬去。

在我们看来，这时高空中出现卷云，随后随着暖空气与冷空气的不断斗争，暖空气逐渐取得优势，这时我们完全可以在严寒的高空中，看到由暖湿空气形成的白色蒸汽。然后卷云慢慢变成高层云，之后又变成了雨云，这时空气湿润得仿佛已经开始下起小雨了。随后，一张灰色的幕布迅速覆盖这一片天空，接下来便是瓢泼大雨倾泻而至，历时数天，这场大雨终于逐渐变小，天空中也透下点点光芒。终于热带气团暂时取得了这场争斗的胜利。

但是胜利是短暂的，极地气团带领寒流大军迅速反扑，冷热气流再次开始交锋，云层中不断涌现一座座庞大的云峰。地面上开始刮起肆虐的狂风，起初它只是折断树枝扫走落叶，随着战斗的逐渐升级，树木仿佛要被狂风连根拔起一样。狂风过后，又是一场暴雨将至。战斗在极地气团和大陆性热带气团之间不断进行着，我们人类只能以仰望的姿态，旁观这2名巨人之间的战斗。

▲ 热带雨林

▲ 云层来到落基山脉

随着战争前线不断向东南方向的迁移，极地气团来到了干燥的亚细亚沙漠，来到了卡萨赫斯坦大草原。而此时的极地气团已经变得干燥、滚烫、浑浊，不再具有海洋性气团的鲜活、湿润的特点。这时的极地气团已经完全变成了之前与它不断争斗的敌人——大陆性热带气团。

这个气团接下来的旅途是什么样的呢？空气永远不会在一个地方停留很久的，它也一样，接下来它可能随着信风跑到湿热的热带雨林，也可能跑到南纬的海洋上空，又或者会回归原来的轨道，迎接来自大西洋的新旅客，然后开启新的战斗。气团不断游走于极地和赤道之间，沿途不断与其他气团战斗融合，不断改变着自己的形态和名称，也许这就是对气团的冒险旅途最好的总结吧！

也有人说气团的旅行过程就像一场障碍赛一样。就以这股自太平洋向美洲移动的冷湿气团来说吧！它想通过西雅图进入美国境内时，首先碰到这场障碍赛的第一个障碍物——喀斯喀德山脉。气团在翻越山脉时，它所携带的水分渐渐变凉，最终在气压和温度的影响下，变成雪花纷纷飘落在喀斯喀德山脉。到翻过第一座障碍后，这个气团因为丧失了不少水分，已经变得干燥一些了。而由于水和气团之间的热量交换，再加上下降的气团受到的大气压力，到气团完全翻越过山岭后，它已经变得干燥而温暖了。

前行的气团不断吸收着途中碰到的云团，这些云团就像糖融化在水中一样融化在气团当中。穿过干燥的沙漠后，气团迎来了第二座障碍——落基山脉。像翻越第一个障碍一样，它再一次变凉并把自己所剩不多的水分完全地遗留在这座山脉之中。而这座山脉也不吝于彰显这份礼物——郁郁葱葱的植被就像一件绿色的礼服一样，与不远处的沙漠形成鲜明的对比。

同样妒忌山脉待遇的还有平原。达科它的农场主们在每次气团通过后都会望着万里无云的天空感叹："落基山又刮来'钦诺克'风了，雨是没有希望了。"这里的"钦诺克"取自一个印第安部落的名字。

从阿拉斯加奔赴达科它的这个气团，在途中由潮湿寒冷变得干燥温暖，并将自己自海洋攫取的丰富资源赠与山林。气团降下的丰富水分灌溉着山脉中的每棵松树和杉树，然后沿着地下的灌溉渠流向加利福尼亚肥沃的土地，滋养着那里的橘子树和桃树。气团的障碍赛跑同时又像一篇冒险故事，涉及空气、海洋、山脉、平原、树木和人类，但是这篇故事的主题还是气团的变形，而这在我们看来已经精彩纷呈的故事，只是大自然伟大诗篇中的一个小小的篇章。

恶劣气候所带来的灾难

　　地球上水循环和大气循环彼此间相互影响着，我们想要描述地球上空气和水的经历，恐怕需要几百上千张纸才能完成。一阵气团经过，海洋就会产生涌动的波浪来作为回应，一阵气旋经过，海洋就会用漩涡作为问候的招呼。

　　海洋就像是地球上天然巨大的气压表一样。大气气压每升高一千米，海洋的水平面就会立刻降低，甚至每一个细微的气压变动，海洋都会有反应。水和空气以水平面为明显的分界线，共同管理着地球的气候。水和空气都有着各自的对流层和平流层，空气中，平流层在对流层的上面，而水中则相反。在对流层中，水或空气快速移动或混合着，而在平流层的水和空气要相对平静得多，那里给人的只有两个感觉——冷和静。

　　水和空气不断交换着物质和能量，彼此关联，相互影响，它们的运动最终形成了我们地球机器的外壳。据最新的科学判断，地球外壳的年龄是30亿或35亿年。这意味着地球这个巨大的机器创造出来并投入使用便要花费数十亿年。而只要在这期间，更改了任意一个部位，地球将不再是我们所认知的模样。假如当我们停止水的流动后，海洋将因为没有氧气存在而不存在任何的生命。那么现在的海洋中的氧气是怎么来的呢？

　　就像我们人类在矿坑中为保证呼吸而装备通风机一样，海洋这个巨大的水底世界有着它天然的通风装置。要知道水是能够携带氧气的，而越凉的水能够携带更多的氧气。海洋的水循环因为与空气循环相互影响，不断交换热量，由于洋流的冷热温差，造成海水的流动。苏联沿海的海水由于很凉所以就重一些，它在海洋中下沉，而它原来的地方则立刻会有较温暖较轻的海水补充，这样洋流就形成了，这些洋流将冰冷的海水带往赤道，而温暖的海水则由赤道向苏联海域补充，这样就形成了一个不断循环补充氧气的巨大轮子，最终使海洋中充满足够生命存活的氧气。

这个巨大的轮子不仅提供着生命必需的氧气，同时还向海洋生命提供必要的食物。水底巨大的轮子，将海底大量的氮、磷、矽等大量营养物质输送到浅海，供给海洋食物链底层的海藻，这样从根本上保证了海洋食物链的存在。

这个海洋的通风装置不仅仅保证着海洋里生命的生存，同样对于陆地也有着巨大的影响。首先温暖的洋流将不能传送到寒冷的北方，那么陆地从海洋摄取的热量将停止，陆地的冬天将变得更加寒冷，甚至很多生命将在冬季逝去，而接下来陆地上的冰壳解冻得更晚，对地球植被和靠这些植被生存的生命都将面临巨大的考验。

洋流停止的巨大影响相信大家都明白了，我们都可以了解到地球这个巨大机器上这一个小小零件的巨大作用。但是除了这个零件外，还有许许多多的细小零件，它们的作用同样巨大。就像在大气平流层中，有一层我们曾经忽视很长时间的臭氧。这块臭氧层，是地球机器的遮光板。它将太阳投射出来的光线进行过滤，保证地表上生命的安全。如果没有它的话，太阳光会将地表生命烧死。

历史上不是没有发生过地球机器运行异常的时候，但是每一次异常带来的都是人们不愿面对的巨大灾难。

1925 年 1 月，位于太平洋赤道附近的一股暖流"厄尔尼诺"在向南美洲海岸行进过程中突然

▲ 鱼类死亡

比往年多走了很远，这次异常气候最终造成了一系列的灾难。首先，浅海区域的微生物因为海水温度过高开始大量死亡。接下来这些微生物的上一级食物链对象——海洋鱼类，因为缺少食物而开始死亡或迁徙，于是以鱼类为食的海鸟也开始了死亡和被迫迁徙。接着暖流产生的潮湿空气被风带到陆地，无法想象的瓢泼大雨降临到地面，并形成洪水，摧毁房屋、淹没城市、吞噬了无数生命。而这仅仅是地球一个小到几乎可以忽视的零件出现异常。

相似的经历还有，1912 年，阿拉斯加的卡特马伊火山爆发，附近海域被浮石堆满，而高空中的火山灰也被气流带到东方。它经过北美、大西洋和欧洲，最终包围了整个北半球，此时的北半球像被一条巨大的被子所覆盖。这条被子因为挡住了射向地面 80% 的日照，而使得这一地区几乎被黑暗笼罩。这条被子直至 1914 年才完全散开，其间北半球一直被寒冷黑暗侵袭着。

地球机器每一次运行出现异常，从我们人类生活工作上都可以体现出来。比如江河解冻较往年早了，那么人们不得不清理河道让河水顺畅通过，船员们也要尽快准备物资准备出航。江河解冻得早，也意味着当年的耕种需要提前，那么农夫和果园主人们都需要开始提前工作了。但是，如果北极气团使得春天比往年来得较迟的话，那么，这些冷空气将可能使许多树木冻死。就好像 1924 年北极气团的侵袭，那次侵袭甚至使得远在格鲁吉亚的橘子树和橙子树都冻死了。

人类通过几千年对大自然的研究，使得人类已经了解了大自然的规律和法则，人类已经自觉握住了控制地球和自然的缰绳了。他开始渐渐摸索如何管理和掌控这部机器。

第07章

·用千万只眼睛观察天气·

其实我写这一节内容还有一个目的。那就是当人类为着一个共同的目标，同时汇集上千上万个人的力量为实现这一目标而努力时，这份力量有多么强大呀！

人类如何观察天气

要准确地预测天气，需要由数千名气象工作人员进行天气监测。苏联共有 3000 座水文气象观测站和 4000 座气象观测站。也许在我们看来这个数字已经相当庞大了，但是由于苏联地域广阔，这些观测站实际并不能完全满足对苏联整个地区的监测需要。按照水文气象学家的估计，要满足苏联整个地区的天气监测需要，至少要建立 7000 座水文气象观测站和 20000 座气象观测站。

因此，我们如果观察苏联观测站示意地图的话，可以很清晰地看到这些测候站主要分布于苏联的西部和南部。而对于苏联东部和北部地区——北极、西伯利亚大松树林以及中央亚细亚沙漠等区域——这些人迹罕至的地区来说，观测站建立得实在太少了。

而对于全球天气监测工作来说，如果只有一个国家进行是完全没有意义的——因为天气是不分国界的。好在除了苏联以外，世界上还有其他国家成千上万所观测站参与这项工作。要观察天气，需要我们对陆地、海洋、高山、大气进行统一全方位的观察。

这时我们又遇到了问题——每个人都会观察，但是如何实现成千上万人同时进行观察呢？可以很明确地说，我们需要一个明确的指挥者，而这个最适合的指挥不是别的，正是我们每时每刻都在变动的时间！分布在全球各地的观察者们可以选择同一时间观察仪器。

但是这里我们又遇到了一个难题——时差！是的，地球由于自转原因，每个地方的时间都是不一样的，在同一个时间，这个地方是上午，而另一个地方已经是黄昏，甚至已经入夜了。这样记录完的数据统计起来完全没有任何意义，它既不能组成一张天气总图，也不能体现出哪里会更温暖——因为陆地昼夜温差是相当大的。譬如莫斯科和海参崴，当莫斯科正值中午阳光灿烂的时候，海参崴的太阳已经西沉了，这两者观察到的温度完全没有比较的意义吧！

那么人类怎样才能实现在同一时间进行观察呢？气象学家们明显更偏向于按照各观测者所处位置的时间来进行工作，因为这样他们可以很简单、清楚地推算出本地区的天气早晨是什么样的，中午是什么样的，傍晚是什么样的，夜间又是什么样的。

但是天气预告人员则不喜欢，因为如果各地都采用自己本地时间的话，那么在同一时刻所观察的数据，却不代表是在同一时间观察的。莫斯科的清晨要比车里亚实斯克的清晨晚来几个小时，同样早上七点观察，两者观察到的气旋、气流流向等信息情况已经相差数小时了。也许就在这几个小时里，原本还在车里亚实斯克的反气旋已经达到莫斯科了，但是，我们都知道反气旋不可能同时在两个相距甚远的地方同时出现的。

为解决这一问题，1946年在巴黎召开了一次国际气象学会议，最终决议为编著天气一览图，全球气象观察者必须统一按照格林尼治时间来观察天气。同时为了各地区气象研究，气象观察者还需按照当地时间记录天气情况。这样终于解决了时间这一难题。

进行气候观察不仅需要我们在同一时间进行观察，同时还需要我们用同样的方法、标准和参照物进行观测。

观察者如果没有规定的话，那么每一个观察员的观察方法和观察对象都可能是完全不同的。就好比能见度，观察者可以说甲地的能见度不太好，乙地的能见度大。这里还涉及观察者的主观判断的准确性，要知道每个人的判断标准都是不一样的，受每个人的经历所限，一个常年在干燥地区生活的人可能认为薄雾的能见度就已经很低了，而另一生活在经常被浓雾包围地区的人则可能认为薄雾的能见度很高，当然这是夸张的比较，但是你不能否认每个人的主观判断对观测结果的影响。而这个世界上是没有两个完全一样的人的，更何况我们进行天气观测需要成千上万个一样的人。

也许有人认为用相同的仪器测量就能完全保证观测结果的准确性了，但是不是的，由于生产工艺的限制，完全一样的仪器也是基本不存在的。而且观察者所处地域位置均不相同，即使用相同的仪器，它的结果也会出现误差。就好比在同一地区，但是一个在山上，一个在平原的观察者们来说吧！他们在天气晴朗的一天，同时观察仪器，会发现山上的气压读数会比平原上的低，这明显不是因为两个观察对象所处地方的天气不同，而是因为地势高低不同引起的气压读数不同。

▲ 水文观测站

相同的例子还有：一个在北方，一个在南方的两个观察者，两地的气压是应该完全相同的，但是两个观察者的气压读数却显示不同的结果。这是怎么一回事呢？原来是观察者们采用的是水银仪器，水银在北方因为寒冷而收缩，所以读数比实际数据要小，水银在南方则因为气温高而受热膨胀，所以读取要比实际数据要大。这种情况并不少见，有时即使南北两地的天气完全一样，甚至冷热温度也一样时，两个仪器的读数依然是不一样的。原因则是因为南北方物体所受重力不同，北方的重力较大，因此想要得到准确的结果，应在北方使用的气压表中安装一个较小的水银柱。

通过上面的这些例子，我们知道要实现同时观察是多么困难，观察者们还需要一个统一的标准进行观察。依然拿能见度来说明吧！现在气象观测人员进行能见度测量都使用一把"尺"来进行，这把"尺"上没有清晰的刻度，而是由电线杆、松树、房屋、教堂、水塔、森林、山峰等参照物代替。

譬如说从观察点到电线杆的水平距离是 50 米，到一个孤零零立在荒野的松树的水平距离是 200 米，到水塔的水平距离是 4 千米，到远处森林的边缘的水平距离是 10 千米，到山坡的水平距离是 50 千米。那么如果观测者能够清晰地看到山峰，此时的能见度则为 10 分。如果因为雾霾的影响看不到山峰只能看到森林，那么此时的能见度为 8 分。其余参照物得分为水塔 6 分，电线杆 1 分。当然每个观测站周围的情况都不相同，所以选择参照物时，我们可以用任何物体代替，唯一需要我们注意的是，参照物到观测站的距离必须符合能见度测量标准。这样我们解决了观测标准的问题了。

接下来我们解决仪器的问题。这个问题与解决观察标准一样，需要观察者们选择好一个相对准确的仪器作为标准，使用别的仪器时，需要参照这个标准仪器进行读取。在苏联标准的气象测量仪器就存放在中央地球物理研究所，而别的气象仪器使用时，都是以那里的仪器作为标准的。

观测站位置问题的解决则要复杂得多。假如我们像之前解决标准和仪器的困难时一样，采用相同的标准——选择一个观测站作为标准，而别的观测站对照这个标准进行观测。

　　这种标准的观测站实际上是否存在呢？我们以测量气压为例进行论证吧！我们通过之前的了解都知道，气压表不仅对气压有反应，同样对于温度和重力等外界因素都有反应。撇开重力因素不谈，只谈温度，如果观测站能够建立在一个恒温的地方，那么这个假设就是可行的，但是我们都知道，地球上没有一个地方的温度是不变化的，哪怕是我们觉得温度最高和最低的的地方。

▲ 观测气象

实际不可行，但是我们可以假设有这么一个理想的观测站存在——要知道许多重要的科学理论最开始都是在假设的基础上确立的——我们假设有这么一座观测站它刚好处在北纬45°，而且它所处的高度刚好与海平面持平，这一地区的温度也永远维持在0摄氏度，甚至仪器也是与标准仪器一模一样的。

接下来就是观测者们如何对照这一标准进行测量了。观测者观察完仪器读数后，必须立刻进行对照计算：以观测者所处观测站的实际情况对照标准观测站，计算他所观测的读数在水平高度，北纬45°时，所对应的读数。这样终于可以实现全球成千上万名气候观测者同时观察了！

我写这本书的目的，不是编写一本气象学教科书，这本书也不是给气象学家们看的，可以说这本书只是给那些不懂气象学，而希望普及气象学知识的人们看的。如果谁想成为一名真正的气象学家，那么我推荐他去看特佛斯基教授的地球物理学著作，以及奥博连斯基的气象学著作，还有赫罗莫夫教授的天气预报学著作。

我写这一节呢，只是为了与我亲爱的读者们分享，这个能够实现成千上万人同时观察气候的科学壮举！让我的读者们了解到为了回答"今天天气怎么样"这个看似简单的问题，人类付出了多少智慧和想象力！同时我还希望读者们通过这个方法，想象出观察宇宙的方法。

其实我写这一节内容还有一个目的。那就是当人类为着一个共同的目标，同时汇集上千上万个人的力量为实现这一目标而努力时，这份力量有多么强大呀！

用千万只眼睛观察天气

气象观察者每天的任务

每天的天气都不相同，有时可能是晴天，可能是雨天，可能一点风也没有，也可能狂风正在席卷落叶尘土。但是每天早晨，当指针走到 6:30 时，气象观测者们都会风雨无阻地站在观察气象的广场上，拿着笔和本子准备记录气象观察结果了。

气象观测者们十分注重"坚持"和"准时"！不管当时的天气多么恶劣，即使风的力量仿佛要把人拽起带向高空，还是海边的巨浪就像近在咫尺，每一个气象观测者都会准时到达气象广场尽心工作。即使是在二战中列宁格勒被包围时，一座气象观测站的工作人员，在炮弹已经把风向标打穿，办公室的门被炸飞的情况下，也依然坚持着自己的记录工作。这些气象观测者们是值得人们尊敬的，因为在不管和平还是战争的时候，永远坚持准确地观测记录工作，这为我们人类的气象学发展作出了巨大的贡献！

气象观测者到达气象广场后，首先要在 6:30 ~6:38 这段期间内完成仪器检查工作，检查这些气象仪器是否完整，是否正常运行。然后气象观测者们在进行正式的天气数据研究前，还要先了解地下和地表的温度，这是为帮助从事农耕作业的人们了解现在是否适宜下种和作物生长——要知道即使是我们人类鼻子所感受的温度和脚所感受的温度都有着较大的温差，如果地下温度较低可能会将萌发的种子冻坏。

当然这个温度测量的工作不会花费气象观测者们过多的时间，一般也就一分钟就能完成这两项工作。接下来，气象观测员还要关心一下飞行员们。他们将根据参照物判断当前的能见度，"嗯，今天的能见度不太好，只有2分。"

观察完能见度，还需要观察风。风的指向和大小可是关乎着飞行员、海员和炮兵的工作准确性和安全性的。

为了了解风，这个爱捣乱的"隐形人"，气象观测者们通过风信标来了解风的实时信息。风信标一般立于一根高柱上，在柱子的顶部有8根对应着不同方向的小铁棒，其中一根铁棒上有一个铁做的字母——N。这些铁棒的上方是风信旗。当风嬉戏玩闹的时候，风信旗就会指出风的方向，例如当它一会儿指向东，一会儿指向东南时，观测者就可以判断风是从西吹向西北。

当然风信标上还有一个可移动的铁片，当风吹过时，铁片会随着风力忽高忽低，它表示着风的速度，例如，当铁片上升到第3格时，气象观测者就可以判断当前的风速为6米/秒。

风信标——气象观测者通过风信标的指示判断风向和风速。

了解风信标以后，为了飞行员们的安全，气象观测者们还需要对天空中的云进行观测——他们要了解天空中的云量大小、云的形状以及云层高度等

▲ 风信标

信息。因为当云层距地面高度只有100米时，飞行员进行飞行是非常不安全的，只有在云层距地面高度300米以上时，才能进行飞行。如果不巧某个飞行员执行任务时，云层过低，那么他只能放弃，等待下一个好天气了。

云给气象观测者们带来的信息不仅仅能够帮助人们决定今天是否适宜飞行，同时它也是帮助人们进行天气预报的重要工具。一个有经验的天气预报人员，他可以准确地读取天空中云所代表的天气信息。如清晨天空云层中出现了一些向上的锯齿状和尖塔状的云时，那么天气预报人员们就需要判断了——今天会不会有雷雨呢？如果白云很分散地分布在天空中，就像在湖水中悠闲的天鹅一样，并且在它们中间我们还能很清晰地看到碧蓝的天空时，天气预报者应该就可以判断，这些云不会造成降雨。

对于我们一般人来说，看天空中的云无异于看天书一样。但是那些气象学家们可以准确地根据那些云的形状告诉我们，哪些是毛卷层云，哪些是堡状高积云。当有人问我们那些云离地面有多高时，我们恐怕只能故作高深地说："这恐怕只有上帝才知道！"但是如果有人拿这个问题问气象学家们时，就不要期待那种一般人的反应了。他们可以很快地判断云的类型，然后告诉你一个很准确的答案："这些是卷层云，它一般在6千米以上的高空。这些是雨层云，它们的高度较低，一般离地面不超过2千米。"

▲ 雨层云

也许我们曾经多次看到过积云从地平线涌上来，但是我想我们没有人好奇过为什么积云的下面是平的，而它们的上层却由形状各异的突起组成这个问题。是什么使得云层出现这种奇异的形状呢？其实这个问题在气象学家看来是个很简单的问题。空气被阳光加热后，逐渐变成巨泡升入高空。但是高空的温度会逐渐降低，这些气泡上升到一定高度后就会开始凝结成水滴——云层就此出现，因此积云的底部一般是平整的。

▲ 高积云

空气是不断流动的，而暖气流由于其重量较轻是会不断向高空流去的，因此使得新形成的云随着气流也不断向高空移动着，于是就出现了云层的顶部不断拔高的现象。直到空气到达一定高度以后，停止上升而转向水平运动时，这些云又随着气流运动在云塔顶部伸出一条水平触手。所以积云的上层会出现形态各异的云团。而这种有着参差不齐的顶部结构的云，在气象学术语上被叫做"堡状高积云"。

气象学家们对云变化的敏锐嗅觉是我们怎么也比不上的，恐怕只有那些想象力超出常人的诗人才能与他们有一拼之力。巴拉丁斯基曾有诗：

一场令人惊喜的冰雹将随着飞驰的云层降临地面，但只需微风轻轻地碰触云层，它就会消失得无影无踪。

气象观察者们观察云，要像一台巨大的计算机一样，将这些云的信息汇总起来，好计算它们在天空中占据多少份额。

这时指针快要走到 7 点了，气象观察者要走近一个有着四根木脚的白色小屋——这里存放着测量气温和湿度仪器。这个木棚在我们看来可能没有任何技术含量，但是它的发明却是有重要意义的。将仪器放到小屋里，就是为了用它们同时测量空气的温度和湿度，而这要求小屋既通风又密封。要做到这点，小屋有着自己独到的设计：小屋的墙壁是由百叶木栅组成的，这样空气就能通过百叶木栅的间隙在小屋内自由流通，同时百叶木栅还能隔离日光。这样小屋不仅能使仪器躲避雨雪狂风和阳光直射的危害，同时还能使仪器发挥各自的作用。

其实不光是上面提到的这点，小屋的其他设计也是经过科学家们长期研究决定的，它的每一个设计都是有着独特的作用。就好比小屋的外观由四条木腿抬高，是为了使小屋不被雨雪淹没；小屋的外观选择白色，是为了减少阳光对小屋内部温度的影响设计的；至于小梯子则是为了方便气象观测者们进行观察准备的。

这个白色小屋的名字叫做"湿度测验室"，这样取名的原因很简单，因为小屋内有一位重要的居民——湿度表。湿度表是一个由两只温度表和一个架子组成的简单仪器。两只温度表分别放到架子两端，左边的温度表是干燥的，它是直接测量小屋内气温的；右边温度表的玻璃球被一块湿麻布包裹着，并且麻布的一端浸在一杯水中，这是为了测量空气湿度做准备。一般情况下左边的温度计温度要比右边的温度高一些，观察者通过计算它们的温度差就可以推算出当天的湿度。

虽然我花费了这么多语句形容怎样观察湿度测验，但是实际上这份工作甚至花费不了气象观察者两分钟的时间。接下来气象工作者要进行雨水观察了，他需要到雨量器前，将架子上的桶取下来换上空桶。然后将取下的桶送回观测站，用量杯测量过去 12 小时内的雨水量。

现在表上的时间应该是 7:07，气象观测者要去观测站屋子里的气压表检查当天的气压情况。这个工作过程非常简单，气象学家们用游标尺就可以在一两分钟内计算出当前的气压，但是具体的操作原理就太过复杂，我在这里就不做详细介绍了，否则这整本书的篇幅都不够说明的。

▶ 温度测验室

　　看到这里你可能在想为什么这些工作者，每一个步骤花费的时间这么短，而且每项工作都安排得如此紧凑呢？那是因为气象工作每一分钟都是宝贵的，每次天气女王任性发脾气的时候，也就是当天空下起暴风雨雪时，气象观测者们提供的准确观测数据，需要及时地向相关人员发布气象警告——这关乎着人们的生命安全。

　　当气象观测者观测到天气异常时，几分钟后一封电报就已经出现在气象局的办公桌上了，上面写道："列宁格勒有风暴，莫斯科同，彼得罗萨夫德斯同，9:45分开始下冰雹，风向东北，风速20米/秒，能见度10米。"在这个办公室里，有着这样一本电话簿，它上面写着什么情况应该向哪些人发出警告以及警告的内容。当风暴来临前，气象局要通知港口和船只提防风暴，通知农场主提防早霜，通知交通系统提防冰雪天气。几分钟内，这些警报就沿着电话线传递给各方人士了。

　　气象观测者就是我们人类的前线步哨，当天气女王有任何异动的时候，他们就快速发布预警，让人们免于被气候危险吞噬。

气象信息是如何传递的

暴风雨雪天气并不是每天都会出现，甚至有的时候这种恶劣天气数年都不会在某个地区出现。所以气候观测站的工作人员更多的是与那些常见的、并不会造成很大灾害的天气打交道。每天气象观测员在巡视完测候广场后，还需要立刻回到观测站更正数据。

首先是气压数据，这里要更正差不多有四五回。因为气压数据像我们之前描述过的，它需要对照标准观测站进行重新计算。首先仪器对比标准仪器高了 0.2 毫米。其次，观测站的温度比零度高了 16.5 度，因此仪器的读数与实际气压值相差了 2 毫米。然后，因为重力的原因，因此仪器的读数与实际气压值相差了 0.7 毫米。最后因为观测站建在海拔高度为 150 米的地方，因此仪器的读数与实际气压值相差了 14.7 毫米，气象观测员观测到的气压数据是740 毫米，经过以上数据订正后，实际的气压应该为 753.6 毫米。接下来气象观测员需要将天气信息传递给气象局。那么气象观测员要如何写电报呢？他们肯定不会是一字一句详细地叙述每一个观测结果，这样苏联地区几千座气象观测站每天四次的电报内容就要有几百本册子那么多。这样做既浪费人力又浪费物力。

我们建立气象观测站的目的，只是为了使天气预报工作者能够了解到今天地球的天气如何，以及接下来的几天内可能会迎来什么样的天气。如果气象工作者们真的一字一句地传递消息，那么恐怕天气预报工作者都没有时间作出结论并向大众播报天气信息。

天气预报工作者们必须走在时间前面，为了保证预报的及时，我们使用

▲ 雪山上的气象观测站

文字的缺点就暴露出来了。全世界的气象观测者们有着自己的国籍和语言，如果想要有效汇总天气信息，需要一种新的气象语言，它必须紧凑、间断且简明易懂。于是，一种由字母和数字组成的气象电报语言出现了。

这种语言看似简单，但是每一个数字都可能代表一个很复杂的意思。就以数字为例，它的含义随着它位置的不同而代表不同的含义。如字母 AB 后面第 4 个位置为数字 5，它就代表云层很低，将有恶劣天气发生。数字 6 后面跟随的数字 2，则代表云层为中层云，且中层云全部为雨云。

气象观测者们通过快速地将这些数据用电报发出，这个过程不会超过 3 分钟。这些信息从数千个气象观测站出发，穿越森林、山脉、平原，甚至有时需要穿过海洋才能汇集到气象局。这些信息飞奔着，它们在与时间与气象女王的前锋赛跑。它们到得越早，工作在陆地、天空、海洋上的人们才能更早地为恶劣天气做准备，才能更加从容地面对这场人类与气象女王的战争。

▲ 海边的气象观测站

　　莫斯科中央天气预报研究所里的电报机不断传出敲打的声音，这是各地气象信息到达的信号。这里的工作人员们不断将这些印有气象符号的纸条扯断，用递送管传递到楼下相关部门。同时在这间屋子的隔壁，有专门的无线电收听员，他们不断收集着来自阿拉木图、伯力、狄克逊岛、伦敦、巴黎乃至埃及开罗的气象消息。

　　这里我突然发现，我只顾追赶着气象信息的脚步，却忘了介绍气象观测时的两个重要内容——气象观测者们如何在高空中观测天气，以及如何通过河流、湖泊、海洋等水文信息对气象进行观测。仅靠那几千座普通的气象观测站，我们所了解的信息还是远远不够的。我不得不遗憾地告诉你，我们将回到气象观测的起点——天气广场。

让天气学会写字

　　天气每天 24 小时都在不断变化着，如果我们的气象观测者们只靠每个昼夜四次的观测，观测到的信息可以说没有什么观测意义的。就拿气压来说吧，它在一天内可能变化数次，甚至可能几个小时内数次上升后突然下降。只靠每天四次的观测，有时甚至无法观测到气压在这几个小时内发生过变化。

　　这需要我们不停地对天气进行观测。但是在每一个仪器面前安排一名站岗人员是不现实的。那么我们只能选择让天气学会写字！我们教会天气自己记日记，让它做自己 24 小时不间断的观察者吧！

　　你可能会想我们人类会用笔和工具进行记录，但是天气怎么进行记录呢？要知道它甚至连实体都没有！我们如何实现让天气自己写字呢？其实很简单，用一个里面装有钢丝弹簧，可以弹动的盒子就可以解决。当大气气压增加时，

▲ 湿度计

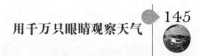

盒子里的钢笔所画的线条就会指向上方。当大气气压减小时，钢笔的线条就会指向下方。

气压的读数应该严格按照一定周期进行记录的，那么如何让天气按照我们规定的时间进行记录呢？我们可以在钢笔下面放一个纸条，将它与校正后的钟表外壳连在一起，然后转动发条，这时纸会随着时间不断移动，钢笔就可以记录下每一秒钟的气压读数了。这样我们就用如此简单的方法，教会天气记录自己的气压信息了。

同样，我们还可以通过这个原理，教会天气记录自己湿度、气温和降雨量的变化信息呢！记录天气湿度变化的时候，我们将盒子改为一根头发和一根小棍。当天气潮湿时，头发会变长，这时固定头发的小棍就会被放松，相反的话，小棍将会被拉紧。小棍移动的同时带动钢笔，这样就可以记录下湿度变化的读数了。

教会天气学会写字记录，也许比我们现实里要教会一名懒笨的小学生写字还要容易。因为雪可以通过自身重量用秤记录数据，雨可以通过水的浮力将浮标抬高或放低的方法记录数据。热涨冷缩的原理，使得天气记录自己气温变化，用一片薄薄的金属片就能实现。甚至太阳每天上班的时间，我们都可以通过凹面镜，在纸带上留下记录的痕迹。

通过大自然的帮忙，气象工作者们降低了自己不少的工作量，同时还避免了一些过于灵敏的仪器记录的错误数据对天气预报的影响。有的仪器过于敏感，甚至一些气象工作者都不敢接近它，因为人们身上的衣服，尤其是白色的衣服，能够反射自然光，而这些仪器在这些光的照射下，都会使读数发生不小的变化。

如何进行 高 空 观测

气象观测者们用仪器观测着天气的每一个动作，但是他们观测的这些仅仅是天气路过的痕迹。人们进行天气预报时需要大气准确的剖面图，以便他们进行气流的准确动向和可能产生的气旋和反气旋情况。飞行员进行高空飞行时，也需要一份空气流动的准确导航图，让他知道在飞行中他可能遇到的情况，避免在飞行过程中出现危险。而这些都需要气象观测者们通过在高空观测实现。

但是怎么样才能实现高空观测呢？难道要在云上建立一个观测站？你我都知道这是不可能的。我们只能想出一些不太奇怪的方法——我们依然将观测站建在地面上，但是我们将测量仪器投放到高空中。我们可以通过气球、风筝、小型飞机等将仪器升到半空中，这样我们就可以观测到天空中的数据了。

之前我们已经讲了气象观测者们是如何传递气象信息的，同样的，气象观测者们在这里通过独特的语言——摩斯密码，判断出无线电探测器传回的信息。一个完整的无线电探测器，实际上就是一个完整的观测站。只不过在这个观测站中，所有的仪器都被做得非常简单轻巧——这都是为了适应飞行——气压表被压缩成一个很小的金属盒，温度计只是一片用两种金属铸成的金属片，而湿度计更只是一根会根据空气湿度而变长变短的头发。

有的无线电探测器是由气球带往高空的，这就意味着无线电探测器无法一直升到地球最高的地方，当气球达到一定高度炸开后，还需要我们对无线

▲ 无线电侦察器

电探测器进行安全回收。当然这点科学家们早就已经考虑到了。他们为无线电探测器配备了用来搭救飞行员的降落伞。这样当探测器降落时，它可以很轻巧地降落在地面上，或者挂在某棵树的树枝上。然后一些散步或游玩的人们发现探测器时，可以根据探测器上的地址将探测器送回或用包裹邮寄回来。

18年前，世界上第一个无线电探测器在苏联发明出来。之后气象观测者们可以清晰地了解到大气的剖面结构了，甚至他们都不必观测天空，就能知道莫斯科和其他城市的上空是什么样子的。我们可以发现随着高度的不断攀升，温度在渐渐下降。但是如果在持续降温后，突然出现温度回升的情况时，就说明这个高度已经属于平流层范围内了。通过对平流层的数据记录，我们会发现平流层的情况也是经常发生变化的，它有的时候会冷一些，有的时候会离地面远一些。这些都是对我们进行天气预报有着重要参考意义的数据。

但是无线探测器有着不小的局限性，它无法测量高空中的风速和风向。这时气象学家们拿出了第二件法宝——测风气球。它像一个水中的浮标在空气中不断飘荡，气象观测者们通过测角器或无线电进行观察。测风气球是由一个金属十字和一个氢气球组成的。下面的人可以通过在地面发射超短波，通过反射电波所用的时间，判断气球离地的距离。

这里的无线电发送器被安装在一座可以自由旋转的屋子里，它与屋顶上

▲ 苏联发明的第一台无线探测器

▲ 世界上最早的无线探测器

▲ 金属探测器

连接的格子状电线杆连接，整体构成一个无线电侦测站。屋内技师操纵着把手，将小屋子旋转到刚好瞄准高空中的氢气球，然后发射每次只持续百万分之一秒的超强短波，再用无线电接收机接收返回的电波。

曾经我有幸参观过这样一座无线电侦测站。在那里我看到三名女性工作人员并排坐在 3 个圆形的屏幕前。其中一名工作人员不断接收着返回的电波信号，并控制着操纵杆，随时调整小房子的方向，以保证接收的电波曲线始终不离开屏幕上的横线。这样我们只要观察仪器读数，就可以知道气球在哪个方向了。另外一名工作人员负责测定气球与地球的距离，而第三名工作人

▲ 无线电侦察器

员专门负责测定气球的上升角度。

这个小型无线电侦测站的数据，最终会通过电报向观测站汇报，那里的工作人员再对数据进行汇总整理，记录测风气球的行进路线和速度。

随着技术的不断发展，测风气球的应用技术也更多地被科学家们发掘出来了。它不仅可以测量风向和风速，同时还可以观测云层。我们同样使用超短无线电波，这些电波被云层反射，便直接返回到无线电侦测站。这些返回的无线电波在侦测站内的屏幕中央开始闪现，在屏幕上逐渐形成大小不一、形状各异的明亮斑点。屏幕前的观察者将屏幕与地图进行比对，通过赛璐珞圆圈，在地图上将它观测到的云层情况描绘出来。

天气预报人员可以通过这些斑点的情况判断出云的种类。当观测人员在屏幕上发现快速运动的雷雨云的斑点时，他需要急忙将消息传递给附近的飞机场，向他们发布雷雨警报。不久的将来所有的航空线附近都会建立一个无线电侦测站，通过气象观测者们日夜的观测，最大限度地保证每一班飞机的航运安全。

目前的无线电侦测站只能针对那些已经降雨或降雪的云层进行侦测，而且测风气球无法人为操控，可以说它还存在很多弊端。但是我相信经过科学家对气象监测技术不断研究和摸索，未来一定会出现能够使我们人类能够更好地观察气象活动的仪器和设备。

水文 气候对人类的影响

我们可以结束对空气的观测了，接下来我们应该转换视角，观察水对气候的影响了。要知道与水打交道的人比与高空打交道的人要多得多，像船员、农民、水利专家、桥梁专家、动力学专家等等，这些都是需要和水文气象打交道的人。船员需要有人能够告诉他，新的航行从什么时候开始合适，以及船在航行过程中会不会遭遇搁浅。农民们需要有人告诉他们，他需要多少水来灌溉农田。世界上没有人能说自己与水没有任何关系。

有的人虽然不住在河边、海边，甚至不曾到过临近水面的地方，但是在洪涝泛滥时，他也不免会有被水侵害的经历。水所能带来的灾难是超出人们

▲ 泥石流

想象的！可能在莫斯科或列宁格勒的人们并不太了解什么是洪峰、什么是激流。但是在阿拉木图的居民对水的危险性是深有体会的。阿拉木图被众多雪山环绕，沿着阿拉木图河向上游走，你会惊异地发现有许多几吨重的巨石堆积在河岸周围，你更无法相信的是——这些巨石是由河水带到这里的！

　　河水是从哪里获得这么大的力量的呢？答案其实很简单——重力和速度。这些河水最初是由山顶上向下流动的，随着重力的不断转化，它的速度越来越快，甚至比狂奔的马匹还要快。沿途它不断吸收泥土和碎石，这条泥石混合的激流变得越来越浑浊，随着它的重量和密度的不断加大，它冲击沿途万物的力度越来越大，组成它的每一块岩石都是它用来冲锋的武器。

　　当然有的时候这些激流也会碰到一些不可摧毁的障碍，那么它们只能抛弃原有的行进路线，开辟一条新的河道，而这时水所带来的灾害面积将更加广泛。1921年，一条混有泥石的激流伴随着隆隆巨响，突然闯进一座城市的中心，在泥水淌过的街道，房屋和人类都在不断挣扎中销声匿迹。人们拼命地四处奔逃着，有的人带着孩子向更高更安全的地方逃去，但是这次灾难过后，仍然有许多人失去了自己的家人、朋友。这只是一次山洪给人们带来的灾难。

　　与少见的山洪相比，河道中的冰流更加常见，危害也更巨大。初冬时，河水中流动的薄冰可能使一座城市突然断电和停水，原因是水轮机的入水口被河水中的冰封死了。这只是冰流对人类影响较小的一面。要知道当真正进入冬季，河水被冻结，碎冰填满河床时，真正的灾害来了。上游的河水不断下流，由于河床堵塞，它们只能从河道满溢，泛滥到临河的城市和街道。

　　甚至那些我们看着只有一层油薄厚的冰层，也有着不可想象的危害性——这些薄冰可以像锯子一样将几千斤的大船锯成两半。那些妨碍流水的积冰的危害也是不可小视的，它们在河道中流动着，在拐弯处和桥洞处堵塞，不断地流动堵塞，最终在河道上形成一道冰堤，河床中的水越积越高，冰堤所受的压力越来越大，最终不可避免的事情发生了——冰堤决口了。河水以势不可挡之势发泄着被积压的愤怒，它冲走沿途可见的所有桥梁、码头等等，甚至迫于这股力量，河道也会发生变化。

为了防止类似灾害的发生，有时人类甚至会派军用飞机轰炸积冰，防止它形成冰堤。这个手段有着自己的局限性，毕竟炸弹不像子弹，能够百分之百地命中最前面的积冰。有的时候如果炸弹刚好击中最后的积冰，那么它不仅不能缓解险情，甚至会把情况弄得更糟。现在我们吸取经验了，要使积冰裂开，现在一般采用地雷进行内部爆破了。

人们和水进行斗争，就像战争一样，我们需要时刻掌握敌人的动向。苏联全国共有成千上万个气象观测站，它们不仅肩负大气观测的任务，同时它们还承担着观测水文动向的重要使命，所以这些观测站有时也被称为水文气象观测站。毕竟水和大气的联系密不可分。

▲ 阿拉木图

气象观测者们在传递水文信息时，内容不再是"天气"而是"水"了。这些电报同样含有数字，只不过这里的数字一般代表河水的高度和流量、水温、冰的形状和厚度等等。当然为了表示重大灾害，在电报中偶尔会出现"风暴""山洪"等字眼，如"风暴，塔什干，水 09 2 09 山洪 20 937"，这就是一份典型的山洪暴发的电报，这里的数字代表的是气象观测站的代码、日期、时间和水位等信息。

电报的收信地址，一般都拍往同一个地方，只不过"列宁格勒——水"，这个地点是列宁格勒水文气象管理局的水文部门。而"列宁格勒——天气"，这个地点是列宁格勒水文气象管理局的天气部门，这两个部门都位于瓦西里也夫岛上。

苏联共有几十个专业的水文观测站和数百个位于机场的气象观测站，它们直接由莫斯科的中央水文气象研究所管理，中央研究所主要负责汇总各地水文气候信息，及时进行天气预报和雷雨、水灾警报等工作，同时它还持续进行天气预报技术的研究工作。现在我想我们可以对我们此次的旅程告一段落了。但是我相信对于某些人来说，这只是打开了一扇通往神秘气象学的大门。